高等职业技术教育"十二五"规划教材

Java 程序设计教程

主　编　张　望　梅青平　柯　灵

主　审　乐明于

副主编　李咏霞　周　敏

参　编　罗　粮　刘旭东　谷丽华　丁丽丽

U0364345

西南交通大学出版社

·成　都·

图书在版编目（CIP）数据

Java 程序设计教程 / 张望，梅青平，柯灵主编. ——
成都：西南交通大学出版社，2014.2
高等职业技术教育"十二五"规划教材
ISBN 978-7-5643-2780-4

Ⅰ.①J… Ⅱ.①张… ②梅… ③柯… Ⅲ.①JAVA 语
言 – 程序设计 – 高等职业教育 – 教材 Ⅳ.①TP312

中国版本图书馆 CIP 数据核字（2013）第 295209 号

高等职业技术教育"十二五"规划教材
Java 程序设计教程

主编　张　望　梅青平　柯　灵
*

责任编辑　张华敏
助理编辑　宋彦博
特邀编辑　黄庆斌
封面设计　墨创文化

西南交通大学出版社出版发行
（四川省成都市金牛区交大路 146 号　邮政编码: 610031　发行部电话: 028-87600564）
http://press.swjtu.edu.cn
四川森林印务有限责任公司印刷
*

成品尺寸: 185 mm × 260 mm　　印张: 13
字数: 325 千字
2014 年 2 月第 1 版　　2014 年 2 月第 1 次印刷
ISBN 978-7-5643-2780-4
定价: 28.50 元

前　言

与其他课程相比，程序设计课程要求学生从例子中学习、从实践中学习、从错误中学习，因此需要花费大量的时间来编写程序、调试程序并修改错误。

对刚刚接触程序设计的新手来说，学习 Java 与学习其他高级程序设计一样。学习程序设计的基本目的就是要培养大家描述实际问题的程序化解决方案的关键技能，并通过语句、循环、方法和数组将解决方案变成程序。

读者一旦掌握了使用循环、方法和数组编写程序的基本技能，就可以开始学习如何使用面向对象的方法开发大型程序了。

本书提供了以下章节顺序：

* 第 1 章 "面向对象概述"，介绍了类与对象的基本概念，并介绍了 UML。

* 第 2 章 "第一个 Java 程序"，通过一个实际的例子，向读者展示了一个 Java 程序所需要的基本元素，让读者从感性上对 Java 有一个初步认识。

* 第 3 章 "数据类型、常量、变量"，介绍了 Java 支持的基本数据类型，static 关键字和 final 关键字的含义，以及变量的初始化。

* 第 4 章 "操作符"，介绍了 Java 支持的操作符以及对这些操作符的分类，特别介绍了 Java 中对字符串所支持的操作。

* 第 5 章 "流程控制"，介绍了 Java 所支持的流程控制语句，由于本章内容和其他语言有很多的共性，因此描述相对较少。

* 第 6 章 "类和对象"，通过一个实际的例子，向读者展示了类和对象的语义，重点是通过该例子使读者理解到面向对象的基本思想。

* 第 7 章 "继承"，本章是面向对象编程思想的重点内容，重点要理解继承所描述的语义，而不仅仅是语法，在此基础上，介绍了多态的语法和语义。

* 第 8 章 "抽象类、接口"，描述了抽象类和接口的基本概念，以及抽象类和接口的区别。在本章最后，给出了一个实际的例子，通过该例子读者可以更加深刻地体会到面向对象编程思想。

* 第 9 章 "内部类"，内部类是 Java 的特性之一，本章介绍了内部类的概念和基本语法，并深刻讨论了内部类背后的编程思想。

* 第 10 章 "多线程"，介绍了 Java 的多线程机制，并重点讨论了 Java 多线程的同步问题。

* 第 11 章 "数组和字符串"，介绍了一维、多维数组，以及 Java 对字符串的支持。

* 第 12 章 "Java 集合"，介绍了 Java 开发中常用的集合。

* 第 13 章 "异常"，介绍了 Java 的异常处理机制。

* 第 14 章 "Java I/O 系统"，本章是本书的重点内容，详细讨论了 Java 对 I/O 的支持。

* 第 15 章 "Java 网络编程"，介绍了 Java Socket 编程的基本知识。

本书由重庆城市管理职业学院张望、梅青平、柯灵担任主编，重庆城市管理职业学院乐明于担任主审，重庆城市管理职业学院李咏霞和重庆祖卡科技有限公司周敏担任副主编，重庆城市管理职业学院罗粮、刘旭东、谷丽华、重庆机械电子技师学院丁丽丽参编。

为方便老师教学，本书配有电子教案及源代码，有需要的老师请到西南交通大学出版社网站下载或 E-mail：420930692@qq.com。

由于作者水平有限，书中难免存在不当之处，恳请广大读者批评指正。如有批评和建议请发至：zw2chm@163.com。

编 者

2013.12

目　录

第 1 章　面向对象概述

1.1　结构化的软件开发方法简介

在 20 世纪 60 年代中期爆发了众所周知的软件危机。为了克服这一危机，在 1968、1969 年连续召开的两届著名的 NATO 会议上提出了软件工程这一概念，并在以后不断发展、完善。与此同时，软件研究人员也在不断探索新的软件开发方法。至今已形成了八类软件开发方法。

1978 年，E. Yourdon 和 L. L. Constantine 提出的结构化方法（SASD 方法）是八类方法中的一类，也可称为面向功能的软件开发方法或面向数据流的软件开发方法。1979 年 TomDeMarco 对此方法作了进一步完善。SASD 方法是 20 世纪 80 年代使用得最广泛的软件开发方法。它首先用结构化分析（SA）方法对软件进行需求分析，然后用结构化设计（SD）方法进行总体设计，最后是结构化编程（SP）。这一方法不仅开发步骤明确，而且给出了两类典型的软件结构（变换型和事务型），使软件开发的成功率大大提高，从而深受软件开发人员的青睐。

在进行结构化设计时，首先要考虑整个软件系统的功能，然后按模块划分的基本原则对功能进行分解，把整个软件系统划分为多个模块，每个模块实现了特定的子功能。在完成了所有的模块设计以后，把这些模块拼装起来，就构成了整个软件系统。软件系统可以看做是多个子系统的集合，每个子系统都具有输入输出功能模块。

结构化程序设计属于自顶向下的设计，在设计阶段就必须考虑如何实现系统的功能，在功能分解的过程中不断实现系统的功能。当用户需求发生变化时，就需要修改模块的结构，有时甚至将整个设计全部推翻。在进行结构化编程时，程序的主体是方法，方法是组成程序的基本单位，每个方法都是具有输入输出的子系统。方法的输入数据主要来自于方法的参数，即全局变量和常量。方法的输出数据主要包括方法的返回值以及指针类型的方法参数。一组相关的方法组成大的功能模块。

下面举例来说明结构化程序设计的方法，假设程序的功能是计算圆、矩形、三角形的面积。代码如下：

```
#include<stdio.h>
#define CIRCLE     1
#define RECTANGLE  2
#define TRIANGLE   3
double getCircleArea(){}       //实现细节略
double getRectangleArea(){}    //实现细节略
```

```
double getTriangleArea(){}        //实现细节略
double selectShape()
{
    int shape;
    scanf("%d",&shape);
    switch(shape)
    {
    case CIRCLE:
        return getCircleArea();
    case RECTANGLE:
        return getRectangleArea();
    case TRIANGLE:
        return getTriangleArea();
    }
}
void main()
{
    selectShape();

}
```

例程 1.1　Shpae.c

如果此时需求发生变化，需要增加一个求正六边形面积的功能，那么需要对已有的代码做多处改动。

（1）在整个系统的范围内增加一个常量，如：

```
#define REGULARHEXAGON  4
```

（2）在整个系统的范围内增加一个求正六边形面积的方法，如：

```
double getRegularhexagonArea ( )
```

（3）在选择形状模块 selectShape ( ) 内增加以下逻辑：

```
case  REGULARHEXAGON:

return getRegularhexagonArea ( );
```

由此可见，结构化程序开发方法制约了软件的可扩展性，模块之间的耦合度高，修改其中一个模块将会影响到其他模块。导致这种缺陷的根本原因在于：

● 自顶向下地按照功能来划分软件模块。软件功能不是一成不变的，会随着用户需求的变化而不断发生变化，这就使得软件在设计阶段就难以设计出稳定的系统结构。

● 软件系统中最小的子系统是方法。方法与一部分相关的数据分离，全局变量和常量分布在系统的各个角落，所有方法均可访问，这就使得各个系统之间的独立性降低，从而使得软件不可扩展。

1.2　面向对象的软件开发方法简介

　　面向对象的软件开发方法把软件系统看成是各种对象的集合，对象就是最小的子系统，一组相关的对象能够组合成更复杂的子系统。面向对象的软件开发方法具有以下优点：

　　（1）把软件系统看成是各种对象的集合，这更接近人类的思维方式。

　　（2）软件需求的变动往往是功能的变动，而功能的执行者——对象一般不会有大的变化。这使得按照对象设计出来的系统结构比较稳定。

　　（3）对象包括属性（数据）和行为（方法），对象把数据和方法的具体实现方式一起封装起来，这就使得方法和与之相关的数据不再分离，提高了每个子系统的相对独立性，从而提高了软件的可维护性。

　　（4）支持封装、抽象、继承和多态，提高了软件的可重用性、可维护性和可扩展性。

1.2.1　对象模型

　　在面向对象的分析和设计阶段，主要工作是建立对象模型。建立对象模型既包括自底向上的抽象过程，也包括自顶向下的分解过程。

　　（1）自底向上的抽象。

　　建立对象模型的第一步是从问题领域的陈述入手。分析需求的过程与对象模型的形成过程一致，开发人员与用户交谈是从用户熟悉的问题领域中的事物（具体实例）开始的，这就使得开发人员能够更容易搞清用户需求，然后再建立正确的对象模型。开发人员需要进行以下自底向上的抽象思维。

- 把问题领域中的事物抽象为具有特定属性和行为的对象。
- 把具有相同属性和行为的对象抽象为类。
- 若多个类之间存在一些共性（具有相同属性和行为），把这些共性抽象到父类中。

　　在自底向上的抽象过程中，为了使子类能更好地继承父类的属性和行为，可能需要自顶向下的修改，从而使整个类体系更加合理。由于类体系的构造是从具体到抽象，再从抽象到具体，符合人们的思维规律，因此能够更快、更方便地完成任务。

　　（2）自顶向下的分解。

　　在建立对象模型的过程中，也包括自顶向下的分解。例如对于计算机系统，首先识别出主机对象、显示器对象、键盘对象和打印机对象等。接着对这些对象再进一步分解，例如主机对象由处理器对象、内存对象、硬盘对象和主板对象组成。系统的进一步分解因有具体的对象为依据，因此分解过程比较明确，而且也相对容易。而面向对象建模也具有自顶向下开发方法的优点，既能有效控制系统的复杂性，又能同时避免结构化开发方法中功能分解的困难和不确定性。

1.2.2　UML 简介

　　1997 年，OMG（Object Management Group），即对象管理组织发布了统一建模语言

（Unified Modeling Language，UML）。UML 的目标之一就是为开发团队提供标准通用的设计语言来开发和构建计算机应用。UML 提出了一套 IT 专业人员期待多年的统一标准建模符号。通过使用 UML，这些人员能够阅读和交流系统架构和设计规划——就像建筑工人多年来所使用的建筑设计图一样。

　　UML 提供了多种类型的模型描述图，使用这些图时，它使得开发中的应用程序更易理解。UML 的内涵远不只是这些模型描述图，但是对于入门来说，这些图对于这门语言及其用法的基本原理提供了很好介绍。通过把标准的 UML 图放进工作产品中，精通 UML 的人员就更加容易加入项目并迅速进入角色。最常用的 UML 图包括用例图、类图、序列图、状态图、活动图、组件图和部署图。

　　（1）用例图。

　　用例图描述了系统提供的一个功能单元。用例图的主要目的是帮助开发团队以一种可视化的方式理解系统的功能需求，包括基于基本流程的"角色"（actors，也就是与系统交互的其他实体）关系，以及系统内用例之间的关系。用例图一般表示出用例的组织关系，即要么是整个系统的全部用例，要么是完成具体功能（例如，所有安全管理相关的用例）的一组用例。要在用例图上显示某个用例，可绘制一个椭圆，然后将用例的名称放在椭圆的中心或椭圆下面的中间位置。要在用例图上绘制一个角色（表示一个系统用户），可绘制一个人形符号。角色和用例之间的关系使用简单的线段来描述，如图 1.1 所示。

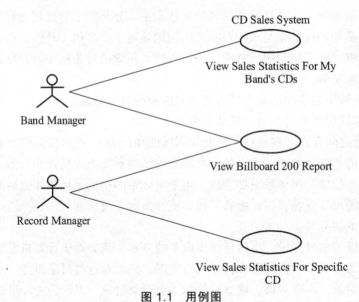

图 1.1　用例图

　　（2）类图。

　　类图表示不同的实体（人、事物和数据）如何彼此相关，它显示了系统的静态结构。类在类图上用包含三个部分的矩形来描述，如图 1.2 所示。最上面的部分显示类的名称，中间部分包含类的属性，最下面的部分包含类的操作（方法）。根据经验，几乎每个人都知道这个类图是什么，但是大多数人都不能正确地描述类之间的关系。对于如图 1.2 所示的类图，应该使用带有顶点指向父类的箭头的线段来表示继承关系，并且箭头应该是一个完全的三角形。

如果两个类都彼此知道对方，则应该使用实线来表示它们之间的关联关系；如果只有其中一个类知道该关联关系，则使用开箭头表示。

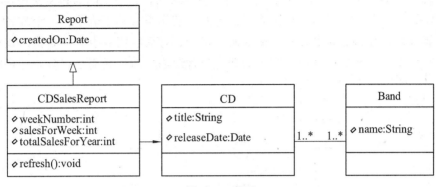

图 1.2 类图

（3）序列图。

序列图用于显示具体用例（或者是用例的一部分）的详细流程。它几乎是自描述的，并且显示了流程中不同对象之间的调用关系，同时还可以很详细地显示对不同对象的不同调用。

序列图有两个维度：其中垂直维度以发生的时间顺序显示消息调用的序列；水平维度显示消息被发送到的对象实例。

序列图的绘制如图 1.3 所示。横跨图的顶部，每个框表示每个类的实例（对象）。在框中，类实例名称与类名称之间用空格、冒号、空格来分隔，如 myReportGeneratorv：ReportGenerator。如果某个类实例向另一个类实例发送一条消息，则绘制一条具有指向接收类实例的开箭头的连线，并把消息（方法）的名称放在连线上面。对于某些特别重要的消息，可以绘制一条具有指向发起类实例的开箭头的虚线，将返回值标注在虚线上。

在阅读序列图时，应从左上角启动序列的“驱动”类实例开始，然后顺着每条消息往下阅读。虽然如图 1.3 所示的序列图显示了每条被发送消息的返回消息，但这是可选的。

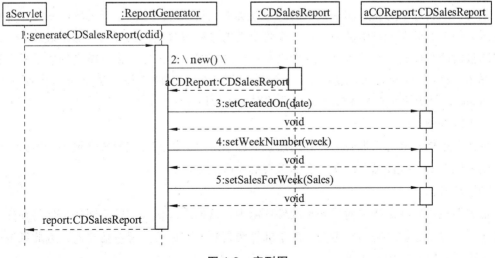

图 1.3 序列图

（4）状态图。

状态图表示某个类所处的不同状态和该类的状态转换信息。如图 1.4 所示，状态图的符号集包括 5 个基本元素：初始起点使用实心圆来绘制；状态之间的转换使用具有开箭头的线段来表示；状态使用圆角矩形来表示；判断点使用空心圆来表示；一个或者多个终止点使用内部包含实心圆的圆来表示。要绘制状态图，首先绘制起点和一条指向该类的初始状态的转换线段。状态本身可以在图上的任意位置绘制，然后只需使用状态转换线条将它们连接起来。

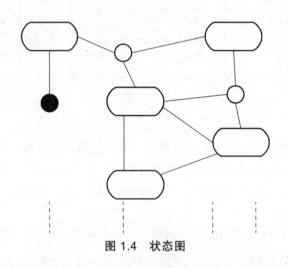

图 1.4　状态图

（5）活动图。

活动图表示在处理某个活动时，两个或者更多类对象之间的过程控制流。活动图可用于在业务单元的级别上对更高级别的业务过程进行建模，或者对低级别的内部类操作进行建模。活动图适合用于对较高级别的过程建模，比如公司当前在如何运作业务等。与序列图相比，虽然活动图在表示上的技术性要求不那么高，但有业务头脑的人们往往能够更快速地理解它们。

活动图的符号集与状态图中使用的符号集类似。像状态图一样，活动图也从一个连接到初始活动的实心圆开始。活动是通过一个将活动的名称包含其内的圆角矩形来表示的。活动可以通过转换线段连接到其他活动或者判断点，这些判断点连接到由判断点的条件所保护的不同活动。结束过程的活动连接到一个终止点。作为一种选择，活动可以分组为泳道（swimlane），泳道用于表示实际执行活动的对象，如图 1.5 所示。

（6）组件图。

组件图提供系统的物理视图，其用途是显示系统中的软件对其他软件组件（例如，库函数）的依赖关系。组件图可以在一个非常高的层次上显示。

（7）部署图。

部署图表示软件系统如何部署到硬件环境中，其用途是显示系统不同的组件将在何处物理地运行，以及它们之间如何通信。由于部署图是对物理运行情况进行建模，因此系统的生产人员可以很好地利用这种图。

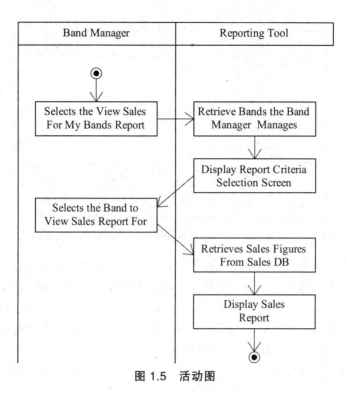

图 1.5　活 动 图

1.2.3　建模工具

　　Rational Rose 是 Rational 公司开发的一种可视化建模工具，它采用 UML 语言来构建对象模型，是分析和设计面向对象软件系统的强有力工具。相应用法可参见相关书籍。

1.3　面向对象开发中的核心思想和概念

　　在面向对象的软件开发过程中，开发者的主要任务就是先建立模拟问题领域的对象模型，然后通过程序代码来实现该对象模型。如何用程序代码来实现对象模型，并且保证软件系统的可重用性，可扩展性和可维护性呢？本节主要阐述面向对象开发的核心思想和概念，这些核心思想为从事面向对象的软件开发实践提供了理论武器。

1.3.1　类、类型

　　类是一组具有相同属性和行为的对象的抽象。类及类的关系构成了对象模型的主要内容。对象模型用来模拟问题领域，Java 程序实现对象模型，Java 程序运行在 Java 虚拟机提供的运行时环境中，Java 虚拟机运行在计算机上，如图 1.6 所示。

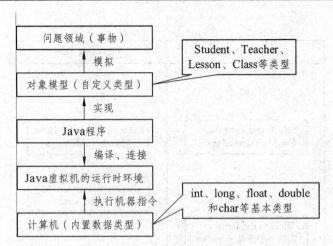

图 1.6　对象模型中的类型到计算机的内置数据类型的映射

　　由于计算机受存储单元的限制，只能表示和操作一些基本的数据类型，如整数、字符和浮点数。对象模型中的类可以看做是开发人员自定义的数据类型，Java 虚拟机的运行时环境封装了把自定义的数据类型映射到计算机的内置数据类型的过程，使得开发人员不受计算机的内置数据类型的限制，对任意一种问题领域，都可以方便地根据先识别对象，再进行分类（创建任意的数据类型）的思路来建立对象模型。

　　面向对象编程的主要任务就是定义对象模型中的各个类。例如例程 1.2 是矩形类的定义。

```java
public class Rectangle{

    private double width;
    private double high;
    public Rectangle(double width, double high){
        this.width = width;
        this.high = high;
    }
    public double getArea(){
        return width*high;
    }
}
```

例程 1.2　Rectangle.java

　　如何创建矩形对象呢？Java 语言采用 new 语句创建对象，new 语句会调用对象的构造方法。以下程序代码创建了一个宽为 5、高为 3 的矩形对象 rect。

```java
Rectangle rect = new Rectangle(3,5);
```

　　在运行时环境中，Java 虚拟机首先把 Rectangle 类的代码加载到内存中，然后根据这个模板来创建 Rectangle 对象；也就是说，对象是类的实例，类是对象的模板。

1.3.2　对象、属性、方法

上节提到了对象是类的实例，类是对象的模板。那么一个对象应该包含哪些内容呢？一个对象应该包含以下内容中的一种或两种。

（1）属性：用来表示对象的状态。例如例程 1.2 中的 width、high 都是类 Rectangle 的属性。

（2）方法：用来表示类的行为。例如例程 1.2 中的 getArea（　）是类 Rectangle 的方法。

1.3.3　消息、服务

软件系统的复杂功能是由各种对象的协同工作共同完成的。每个对象都具有特定的功能，相对于其他对象而言，它的功能就是为其他对象提供服务。对象提供的服务是由对象的方法来实现的，因此发送信息也就是调用一个对象的方法。

从使用者的角度出发，整个软件系统就是一个服务提供者。在 UML 语言中，系统边界被称为角色。在系统的内部，每一个子系统也是服务的提供者，它们为其他子系统提供服务，子系统之间通过发送消息来相互获得服务，一个孤立的不对外提供任何服务的系统是没有任何意义的。

1.3.4　封装、抽象

1. 封　装

封装是指隐藏对象的属性和实现细节，仅仅对外公开接口。封装能为软件系统带来以下优点：

（1）正确、方便地理解和使用系统，防止使用者错误修改系统属性。

（2）有助于建立各个系统之间的松耦合关系，提高系统的独立性。当某一个系统发生变化时，只要它的接口不变，就不会影响其他系统。

（3）提高软件的可重用性，每个系统都是一个相对独立的整体，可以在多种环境下得到重用。

（4）降低了构建大型系统的风险，即使整个系统不成功，个别子系统有可能依然是有价值的。

一个设计良好的系统会封装所有的实现细节，把它的接口与实现清晰地隔离开来，系统之间只通过接口进行通信。面向对象的编程语言主要通过访问控制机制来进行封装，这种机制能控制对象的属性和方法的可访问性。在 Java 语言中提供了以下 4 种控制级别：

- public：对外公开，访问级别最高。
- protected：只对同一个包中的类或者子类公开。
- 默认：只对同一个包中的类公开。
- private：不对外公开，只能在对象内部访问，访问级别最低。

灵活运用 4 种访问级别就能有效控制对象的封装程度。后面会对此做详细介绍。

到底对象的哪些属性和方法应该公开，哪些应该隐藏呢？这必须具体问题具体分析。这里只提供封装的两大原则：

（1）把尽可能多的东西隐藏起来，对外提供简洁的接口。

（2）把所有的属性藏起来。

2. 抽　象

抽象是从特定角度出发，从已存在的事务中抽取出所关注的特性，形成一个新的事物的思维过程。抽象是一种由具体到抽象，由复杂到简洁的思维方式。在面向对象的开发过程中，抽象体现在以下方面：

（1）从问题领域中的事物到软件模型中对象的抽象。

在建立对象模型时，分析问题领域的实体，把它们抽象为对象。真实世界中的事物往往有多种多样的属性，应该根据事物所处的问题领域来抽象出具有特定属性的对象。从问题领域的事物到对象的抽象还意味着分析事物所具有的功能，在对象中定义这些功能的名称，但不必考虑它们如何实现。这种抽象过程使得设计阶段创建的对象模型仅仅用来描述系统应该做什么，而不必关心如何去做，从而清晰地划清了软件设计与软件编码的界限。

（2）从对象到类的抽象。

在建立对象模型时，把具有相同属性和功能的对象抽象为类。比如某学校里有 1 000 个学生，他们都属于学生类。

（3）从子类到父类的抽象。

当一些类之间具有相同属性和功能时，把这部分属性和功能抽象到一个父类中。从子类到父类的抽象有两种情况：不同子类之间具有相同功能，并且功能的实现方式完全一样；不同子类之间具有相同的功能，但功能的实现方式不一样，在这种情况下，父类仅仅声明这种功能，但不提供具体的实现。这种抽象方式与面向对象的多态性相结合，有助于提高系统的松耦合性。

在 Java 语言中，抽象有两种意思：

当抽象作为动词时，就是指上述的抽象思维过程；当抽象作为形容词时，可以用来修饰类和方法。若一个方法被 abstract 修饰，则表明这个方法没有具体的实现；若一个类被 abstract 修饰，则表明这个类不能被实例化。

1.3.5　继承、扩展、覆盖

在父类和子类之间同时存在继承和扩展关系。子类继承了父类的属性和方法，同时，子类还可以扩展出新的属性和方法，并且还可以覆盖父类中方法的实现方式。覆盖也是专用术语，是指在子类中重新实现父类中的方法。

从每个对象都是服务提供者的角度来理解，子类会提供与父类相同的服务。此外，子类还可以提供父类所没有的服务，或者覆盖父类中服务的实现方式。

继承和扩展导致面向对象的软件开发领域中架构类软件系统的发展。从头构建一个复杂软件系统的工作量巨大，为提高开发效率，有一些组织开发了一些通用的软件架构。有了这些软件架构，新的软件系统就不必从头出发，只需要在这些通用软件架构的基础上进行扩展即可。

如何在这些通用软件架构的基础上进行扩展呢？这些通用软件架构中都提供了一些扩

展点。更具体地说，这些扩展点就是专门让用户继承和扩展的类。这些类已经具备了一些功能，并且能与软件架构中其他类紧密协作。用户只需创建这些类的子类，然后在子类中增加新功能或重新实现某些功能。用户自定义的子类能够和谐地融合到软件架构中，顺利地与软件架构中的其他类协作。

1.3.6　组　合

组合也是一种代码复用的机制，与继承不同，继承在语法上是子类拥有父类的非私有属性和行为，从而达到复用父类非私有属性和行为的目的，继承在语意上表现出来的是 is-a 的关系，比如父类 Shape 和子类 Rectangle 之间的关系，在语意上表现的是 Rectangle 是一个 Shape。而组合在语法是一个类拥有另一个类的实例作为本类的属性，在语意上表现出来的是 has-a 的关系，比如确定一个矩形，需要知道矩形的左上角坐标点和矩形的宽、高，于是矩形类应该有一个点类的属性，表示矩形包含一个点，如例程 1.3 所示：

```java
public class Rectangle
{
    private Point point;
    private int   width;
    private int   height;
}
```

例程 1.3　Rectangle.java

面向对象的组合具有以下优点：

（1）在软件分析和设计阶段，简化复杂系统建立对象模型的过程。

（2）在软件的编程阶段，简化创建复杂系统的过程，只需要分别创建独立的子系统，然后将它们组合起来，就构成了一个复杂系统。而且允许第三方参与系统的建设，提高了构建复杂系统的效率。

（3）向使用者隐藏系统的复杂性。

（4）提高了程序代码的可重用性，一个独立的子系统可以被组合到多个复杂系统中。

1.3.7　抽象类、接口

在面向对象概念中，所有的对象都是通过类来描绘的，但是反过来却不是这样，并不是所有的类都是用来描绘对象的。如果一个类中没有包含足够的信息来描绘一个具体的对象，这样的类就是抽象类。抽象类往往用来表征在对问题领域进行分析、设计中得出的抽象概念，是对一系列看上去不同，但是本质上相同的具体概念的抽象。比如：如果进行一个图形编辑软件的开发，就会发现问题领域存在着圆、三角形这样一些具体概念，它们是不同的，但是它们又都属于形状这样一个概念，形状这个概念在问题领域是不存在的，它就是一个抽象概念。正是因为抽象的概念在问题领域没有对应的具体概念，所以用以表征抽象概念的抽象类是不能够实例化的。

　　在面向对象领域，抽象类主要用来进行类型隐藏。可以构造出一个固定的一组行为的抽象描述，但是这组行为却能够有任意个可能的具体实现方式。这个抽象描述就是抽象类，而这一组任意个可能的具体实现则表现为所有可能的派生类。同时，通过从这个抽象体派生，也可扩展此模块的行为功能。为了能够实现面向对象设计的一个最核心的原则——OCP（Open-Closed Principle），抽象类是其中的关键所在。

　　既然每个对象都是服务的提供者，那么如何对外提供服务呢？对象通过接口对外提供服务。在面向对象范畴中，接口是一个抽象的概念，是指系统对外提供的所有服务。系统的接口描述了系统能够提供哪些服务，但是不包含服务的实现细节。这里的系统既可以指整个软件系统，也可以指一个子系统。对象是最小的子系统，每个对象都是服务的提供者，因此每个对象都有接口。

　　站在使用者的角度，对象中所有向使用者公开的方法的声明构成了对象的接口。使用者调用对象的公开方法来获得服务。使用者在获得服务时，不必关心对象是如何实现服务的。

　　在设计对象模型阶段，系统的接口就确定下来了，接口是提高系统之间松耦合的有力手段。接口还提高了系统的可扩展性。例如台式计算机上预留了很多供扩展的插槽（接口），只要在主板上插上声卡，计算机就会增加播放声音的功能，只要插上网卡，计算机就会增加联网的功能。

　　在 Java 语言中，接口有两种意思：

　　一是指以上介绍的概念性的接口，即指系统对外提供的所有服务，在对象中表现为 public 类型的方法的声明。二是指用 interface 关键字定义的实实在在的接口，也称为接口类型，它用于明确地描述系统对外提供的所有服务，它能够更加清晰地把系统的实现细节与接口分离。

　　在 Java 语言中，abstract class 和 interface 是支持抽象类定义的两种机制。正是由于这两种机制的存在，才赋予了 Java 强大的面向对象能力。abstract class 和 interface 在对于抽象类定义的支持方面具有很大的相似性，甚至可以相互替换，因此很多开发者在进行抽象类定义时对于 abstract class 和 interface 的选择显得比较随意。其实，这两者之间还是有很大区别的，对于它们的选择甚至反映出对于问题领域本质和设计意图的理解是否正确、合理。两者之间的差别如下：

　　（1）从语法定义层面看，在 abstract class 中可以有自己的数据成员，也可以有非 abstract 的成员方法，而在 interface 中只能够有静态的不能被修改的数据成员（也就是必须是 static final 的，不过在 interface 中一般不定义数据成员），所有的成员方法都是 abstract 的。

　　（2）从编程层面看，abstract class 在 Java 语言中表示的是一种继承关系，一个类只能使用一次继承关系。但是，一个类却可以实现多个 interface。

　　（3）从设计理念层面看，abstract class 在 Java 语言中体现了一种继承关系，要想使得继承关系合理，父类和派生类之间必须存在"is-a"关系，即父类和派生类在概念本质上应该是相同的。对于 interface 来说则不然，并不要求 interface 的实现者与 interface 定义在概念本质上是一致的，interface 的实现者仅仅是实现了 interface 定义的契约（功能）而已。

1.3.8　动态绑定、多态

　　面向对象编程有三个特征，即封装、继承和多态。封装隐藏了类的内部实现机制，从而可以在不影响使用者的前提下改变类的内部结构，同时保护了数据。继承是为了重用父类代码，同时为实现多态性作准备。方法的重写、重载与动态连接构成多态性。抽象类和接口是解决单继承规定限制的重要手段。同时，多态也是面向对象编程的精髓所在。

要理解多态性，首先要知道什么是"向上转型"，举例说明如下：

定义一个子类 Cat，它继承 Animal 类，那么后者就是前者的父类。可以通过"Cat c = new Cat（ ）;"实例化一个 Cat 的对象。但当这样定义时："Animal a = new Cat（ ）;"表示定义了一个 Animal 类型的引用，指向新建的 Cat 类型的对象。由于 Cat 是继承自它的父类 Animal，因此 Animal 类型的引用是可以指向 Cat 类型的对象的。父类类型的引用可以调用父类中定义的所有属性和方法，而对于子类中定义而父类中没有的方法，它是无可奈何的。同时，父类中的一个方法只有在在父类中定义而在子类中没有重写的情况下，才可以被父类类型的引用调用；对于父类中定义的方法，如果子类中重写了该方法，那么父类类型的引用将会调用子类中的这个方法，这就是动态绑定。

通过类型转换，把一个对象当做它的基类对象对待。从相同的基类派生出来的多个派生类可被当做同一种类型对待，可对这些不同的类型进行同样的处理。这些不同派生类的对象响应同一个方法时的行为是有所差别的，这正是这些相似的类之间彼此区别的不同之处，这种行为就叫多态。由于多态性，一个父类的引用变量可以指向不同的子类对象，并且在运行时根据父类引用变量所指向对象的实际类型去执行相应的子类方法。

对于多态，可以总结如下：

（1）使用父类类型的引用指向子类的对象；

（2）该引用只能调用父类中定义的方法和变量；

（3）如果子类中重写了父类中的一个方法，那么在调用这个方法的时候，将会调用子类中的这个方法（动态连接、动态调用）；

（4）变量不能被重写（覆盖），"重写"的概念只针对方法，如果在子类中重写了父类中的变量，那么在编译时会报错。

1.4　类之间的关系

UML 把类之间的关系划分为以下五种：

（1）关联：类 A 与类 B 的实例之间存在特定的对应关系。

（2）依赖：类 A 访问类 B 提供的服务。

（3）聚集：类 A 为整体类，类 B 是局部类，类 A 的对象是类 B 的对象的组合。

（4）泛化：类 A 继承类 B。

（5）实现：类 A 实现了 B 接口。

1.4.1　关　联

关联指的是类之间的特定的对应关系，在 UML 中用箭头表示。按照类之间的数量比，关联可以分为三种：一对一关联，一对多关联和多对多关联。关联还可以分为单向关联和双向关联。例如客户和订单之间存在的关联关系如图 1.7 ~ 1.9 所示。

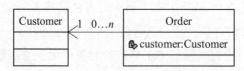

图 1.7　从 Order 到 Customer 的多对一关联

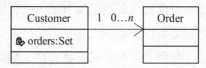

图 1.8　从 Customer 到 Order 的一对多单向关联

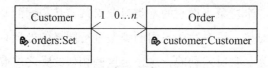

图 1.9　从 Customer 到 Order 的一对多双向关联

1.4.2　依　赖

依赖是指类之间的调用关系，在 UML 中用带虚线的箭头表示。如果类 A 访问类 B 的属性和方法，或者类 A 负责实例化类 B，那么可以说类 A 依赖类 B。与关联关系不同的是，无需在类 A 中定义类 B 的属性。例如 Panel 与 Shape 类之间存在依赖关系，如图 1.10 所示。

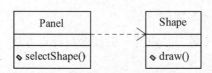

图 1.10　Panel 类依赖 Shape 类

1.4.3　聚　集

聚集指的是整体与部分之间的关系，在 UML 中用带实线的菱形箭头表示。例如台灯和灯泡之间就是聚集关系，如图 1.11 所示。当 ReadingLamp 类由 Bulb 类和 Circuit 类聚集而成时，在 ReadingLamp 类中应包含 Bulb 和 Circuit 类型的成员变量。

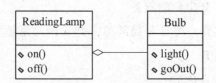

图 1.11　台灯类和灯泡类之间的聚集关系

聚集关系还可以分为两种类型：一是被聚集的子系统允许被拆卸和替换，这是普通聚集关系；二是被聚集的子系统不允许被拆卸和替换，这是强聚集关系。

1.4.4　泛　化

泛化指的是类之间的继承关系，在 UML 中用带实线的三角箭头表示。例如长方形、圆形和直线都继承自 Shape 类，其继承关系如图 1.12 所示。

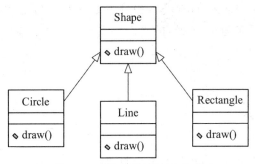

图 1.12　类之间的继承关系

1.4.5　实　现

实现指的是类与接口之间的关系，在 UML 中用带虚线的三角形箭头来表示。这里的接口指的是接口类型，接口名字用斜体字来表示，接口中的方法是抽象方法，也采用斜体字表示。

第 2 章 第一个 Java 程序

本章首先建立了一个简单的 Java 类，通过该类来学习 Java 类的一些语法规则。Java 应用程序由一个或多个后缀名为 ".java" 的文件构成，一个 ".java" 文件里只有一个公有类，并且文件名和公有类名相同。

2.1 创建 Java 类

本节创建了一个三角形（Triangle）类，如例程 2.1 所示。

Import com.cqcsglzyxy

```java
 3 public class Triangle
 4 {
 5     private double a;
 6     private double b;
 7     private double c;
 8     public Triangle(double a, double b, double c)//构造函数
 9     {
10         this.a = a;
11         this.b = b;
12         this.c = c;
13     }
14     public double getArea()//利用海伦公式求三角形的面积
15     {
16         double p=(a+b+c)/2;
17         double s=Math.sqrt(p*(p-a)*(p-b)*(p-c));
18         return s;
19     }
20 }
```

例程 2.1 Triangle.java

2.1.1 Java 类的结构

一个 java 类由属性和（或）方法组成。在例程 2.1 中，类 Triangle 由属性 a、b、c 分别表示 Triangle 的三条边长；public double getArea（）是类 Triangle 的方法，用来求 Triangle 的面积；public Triangle（double a，double b，double c）也是类 Triangle 的方法，方法名和类名相同的方法称为构造方法。Java 类中的方法也称为函数或者行为。

2.1.2 包声明、包引入

为了更好地组织类，Java 提供了包机制。包是类的容器，用于分隔类名空间。如果没有指定包名，所有的示例都属于一个默认的无名包。程序员可以使用 package 指明源文件中的类属于哪个具体的包。如例程 2.1 的第 1 行代码所示，它指明类 Triangle 属于包 com.cqcsglzyxy。

程序中如果有 package 语句，该语句一定是源文件中的第一条可执行语句，它的前面只能有注释或空行。另外，一个文件中最多只能有一条 package 语句。包的名字有层次关系，各层之间以点分隔。包层次必须与 Java 开发系统的文件系统结构相同。通常包名中全部用小写字母，这与类名以大写字母开头，且首字母亦大写的命名约定有所不同。当使用包说明时，程序中无需再引用（import）同一个包或该包的任何元素。import 语句只用来将其他包中的类引入当前名字空间中。

2.1.3 方法声明

在面向过程的语言中方法称作函数，是一个代码功能块，实现某个特定的功能。方法声明写在类声明的内部，伪代码如下：

```
public class Triangle{方法声明 1  方法声明 2…}
```

在 Java 语言中，方法声明之间没有顺序。方法声明，就是声明一种新的功能。方法声明的语法格式如下：

访问控制符 [修饰符] 返回值类型方法名称（参数列表）{方法体 }

（1）访问控制符。访问控制符限定方法的可见范围，或者说是方法被调用的范围。方法的访问控制符有四种，按可见范围从大到小依次是：public、protected、无访问控制符、private。其中无访问控制符不书写关键字即可，具体范围在后续内容中有详细介绍。

（2）修饰符。修饰符是可选的，也就是在方法声明时可以不书写。修饰符只是为方法增加特定的语法功能，对于方法实现的逻辑功能无影响。方法的修饰符有五个，依次是：static、final、abstract、synchronized、native。具体修饰符的作用在后续内容中将详细介绍。

（3）返回值类型，返回值类型是指方法功能实现以后需要得到的结果类型，该类型可以是 Java 语言中的任意数据类型，包括基本数据类型和复合数据类型。如果方法功能实现以后不需要返回结果，则返回值类型书写为 void。

在实际书写方法时，需要首先考虑一下方法是否需要返回结果。如果需要返回结果，则结果的类型是什么？这根据方法的需要进行确定，例如例程 2.1 中用于求面积的方法，返回结果的类型是 double。

若在方法声明里声明返回值类型，则便于方法调用时获得返回值，并对返回值进行赋值以及运算等操作。

（4）方法名称。方法名称是一个标识符，用来代表该功能块，在方法调用时，需要方法名称来确定调用的内容。为了增强代码的可读性，一般方法名称标识符与该方法的功能一致，例如求面积的方法，可以将方法名称设定为 getArea。

在 Java 编码规范中，要求方法的首字母小写，而方法名称中单词与单词间隔的第一个字母大写，例如 getArea。

（5）参数列表。

参数列表是声明方法需要从外部传入的数据类型以及个数，这就需要在参数列表部分进行声明，语法格式为：

数据类型　参数名称

多个参数时的格式为：

数据类型　参数名称 1，数据类型　　参数名称 2，……

在声明参数时，类型在前，名称在后，如果有多个参数时，参数与参数之间使用逗号进行分割。

参数的值在方法调用时进行指定，而在方法内部，可以把参数看做是已经初始化完成的变量直接使用。

参数列表部分是方法通用性的最主要实现部分，理论上来说，参数越多，方法的通用性越强，在声明方法时，可以根据需要确定参数的个数及类型。参数在参数列表中的排列顺序只与方法调用有关。

（6）方法体。

方法体是方法的功能实现代码。方法体部分在逻辑上实现了方法的功能，该部分都是具体的实现代码，不同的逻辑实现代码区别会比较大。

在方法体部分，如果需要返回结果的值，则可以使用 return 语句，其语法格式为：

return 结果的值；

或无结果返回时：

return；

如果方法的返回值类型不是 void，则可以使用 return 返回结果的值，要求结果值的类型和方法声明时返回值类型必须一致。如果返回值类型是 void，则可以使用 return 语句实现方法返回，而不需要返回值。当代码执行到 return 语句时，方法结束，例如：

```
return;
int n = 0;//语法错误，永远无法执行到该语句
```

另外，如果返回值类型不是 void，需要保证有值返回，例如下面的方法就有语法错误：

```
public int test ( int a ) {if ( a < 0 ) { return 0; } }
```

在该方法的声明代码中，发现当 a 的值大于等于零时，没有返回值，这在语法上称作返回值丢失，这是在书写 return 语句时需要特别注意的问题。

例程 2.1 声明了一个公有的、返回值类型为 double、名为 getArea 的方法。

2.1.4　程序的入口

Java 源程序中包含了许多代码，当程序运行时，到底从哪一行代码开始执行呢？Java 语言规定，以 main（）方法作为程序的入口点，所有的 Java 程序都是从 main（）方法开始运行的，如例程 2.2 所示。

```java
public class Client{

    public static void main(String[] args){

        Triangle triangle = new Triangle ( 3, 4, 5);
        double s = triangle. getArea ( );
        System out.println ( s);
    }

}
```

例程 2.2　Client.java

例程 2.2 中 args 是 main（）方法的参数，它属于 String 数组类型（String[]），作为程序入口的 main（）方法必须同时符合以下四个条件：

必须使用 public 修饰符；必须使用 static 修饰符；必须有一个 String 数组类型的参数；返回值类型为 void。void 表示方法没有返回值。

虽然在类中可以通过重载的方式提供多个不作为应用程序入口的 main（）方法，但是最好不要这样做。

2.1.5　对象的创建

写好一个类以后，如果需要该类提供行为就必须产生一个具体的对象，例如有一个打印机类，如果要打印机类提供打印这个行为，就需要产生一个具体的打印机对象，Java 中用 new 关键字来产生类的一个对象。如例程 2.2 第 3 行所示，该行代码新建了一个 Triangle 类的对象，并将该对象的地址赋值给 Triangle 型引用变量 triangle。

2.1.6　对象行为的调用

当产生了一个类的具体对象以后，就可以在该对象的引用上通过点操作符调用该类提供的方法，例如在例程 2.2 中的第 4 行，Triangle 类对象的一个引用 triangle 通过点操作符调用了 Triangle 类的方法 getArea（），并将该方法得到的结果赋值给变量 s。

2.1.7　注释语句

注释指的是对程序代码的一种描述，这些描述是便于程序员之间的交流或者以后修改程序，它或是描述程序的功能、或是描述算法的实现、或是描述程序的版本信息等，计算机在执行程序的时候将忽略这些描述。注释内容要简单明了、含义准确，应防止注释的多义性，错误的注释不但无益反而有害。Java 注释分为以下三类：

（1）单行短注释。在代码中单起一行注释，注释前最好有一行空行，并与其后的代码具有一样的缩进层级。如果单行无法完成，则应采用块注释。

注释格式：// 注释内容

（2）块注释。注释若干行，通常用于提供文件、方法、数据结构等的意义与用途的说明，或者算法的描述。一般位于一个文件或者一个方法的前面，起到引导的作用，也可以根据需要放在合适的位置。这种块注释不会出现在 HTML 报告中。

注释格式：

/*

* 注释内容

*/

（3）文档注释，注释若干行，并写入 javadoc 文档。每个文档注释都会被置于注释定界符/**...*/之中，注释文档将用来生成 HTML 格式的代码报告，因此注释文档必须书写在类、域、构造函数、方法以及字段定义之前。注释文档由两部分组成——描述、块标记。

2.1.8 关键字、标识符

关键字（keyword），也称保留字（reserved word），是指程序代码中规定用途的单词。也就是说，只要在程序代码内部出现该单词，编译程序就认为是某种固定的用途。

关键字列表及中文解释如表 2.1 所示。

表 2.1 关键字

abstract（抽象的）	continue（继续）	for（当…的时候）	new（新建）	switch（转换）
assert（断言）	default（默认）	if（如果）	package（打包）	synchronized（同步）
boolean（布尔）	do（做）	goto（跳转到）	private（私有的）	this（这个）
break（中断）	double（双精度）	implements（实现）	protected（保护的）	throw（抛出，动词）
byte（字节）	else（否则）	import（引入）	public（公共的）	throws（抛出，介词）
case（情形）	enum（枚举）	instanceof（是…的实例）	return（返回）	transient（瞬时的）
catch（捕获）	extends（继承）	int（整数）	short（短整数）	try（尝试）
char（字符）	final（最终的）	interface（接口）	static（静态的）	void（空的）
class（类）	finally（最终地）	long（长整数）	strictfp（精确浮点）	volatile（易变的）
const（常量）	float（单精度浮点）	native（本地的）	super（超级的）	while（当…时）

注：其中 goto 和 const 的用途被保留，在语法中未使用到这两个关键字。后续学习的语法知识，大部分都涉及使用关键字，关键字的意义基本上就代表了该种语法格式的用途。

标识符，也就是标识的符号，是指程序中一切自己指定的名称，例如后续语法中涉及的变量名称、常量名称、数组名称、方法名称、参数名称、类名、接口名、对象名等。

其实程序中除了一些分隔符号，如空格、括号和标点符号以外，只有三类名称：

（1）关键字。

（2）系统功能名称。如 System.out.println 中的 System、out 和 println。

（3）标识符。

第一类和第二类都是需要熟悉和记忆的，而第三类名称，也就是标识符，可以由程序开发者自己进行设定。在通常情况下，为了提高程序的可读性，一般标识符的名称应与该标识符的作用保持一致。

标识符的命名规则主要有如下几个要求：

（1）不能是关键字。

（2）只能以字母、下划线（_）和美元符号（$）开头，需要特别注意的是，标识符不能以数字字符开头。

（3）不能包含特殊字符，例如空格、括号和标点符号等。

在通常情况下，标识符一般全部是字母，或者使用字母和数字的组合。

2.1.9 编程规范

Java 程序员能够依据 Java 编程规范养成良好的编程习惯，是编写良好 Java 程序的先决条件。对于 Java 编程规范首先要准确理解。例如，每行声明一个局部变量，不仅仅要知道是 Java 编程规范的要求，更重要的是要理解这样增加了代码的易懂性。理解好 Java 编程规范是发挥规范作用的基础。理解规范中每个原则仅仅是开始，进一步需要相信这些规范是编码的最好方法，并且在编程过程中坚持应用。另外，应该在编程过程中坚持一贯遵循这些规范，培养成习惯，这样才能够保证开发出干净代码，使开发和维护工作更简单。从一开始就写干净的代码，可以在程序开发过程中以及程序维护阶段不断受益。

本节重点介绍 Java 命名约定。在 Java 中，标识符尽量使用完整的英文描述符及适用于相关领域的术语。为了增加标识符的可读性，形式上采用大小写混合方式。标识符的长度虽然没有限定，但应尽量避免使用长的名字，一般不少于 15 个字母。另外要少用或慎用缩写，如果使用则要保证在整个应用程序中风格统一。要避免使用拼写类似的标识符，或者仅仅是大小写不同的标识符，并且除静态常量名称外，应避免使用下划线。

Java 中的名称包括包名、类名、接口名、变量名、方法名、常数名。Java 对于这些名称命名约定的基本原则如下：

变量名、方法名首单词小写，其余单词首字母大写，例如 anyVariableWorld；接口名、类名首单词第一个字母大写；常量完全大写；"_"、"$"不能作为变量名、方法名开头。

（1）包的命名规则。

包名用完整的英文描述符，应该都是由小写字母组成。对于全局包，可以将所在公司

Internet 域名反转再接上包名，例如 com.taranis.graphics。

（2）类和接口命名规则。

类名和接口名采用完整的英文描述符，并且所有单词的第一个字母大写，例如 Customer、SavingsAccount。另外接口后面可以加上后缀 able、ible 或者 er，但这不是必需的，例如 Contactable、Prompter。

（3）变量的命名规则。

类的属性（变量）名，采用完整的英文描述符，第一个字母小写，任何中间单词的首字母大写，例如 firstName、lastName。

- 方法的参数。方法参数的命名规则与属性的命名规则相同，例如

```
public void setFirstName（String fristName）{this.firstName = firstName;}
```

- 局部变量。局部变量的命名规则与属性的命名规则相同。
- 变量命名的某些习惯，如异常（exception）通常采用字母 e 表示。
- 循环计数器，通常采用字母 i、j、k 或者 counter。

（4）常量或静态常量。

常量名全部采用大写字母，单词之间用下划线分隔，例如 MIN _ BALANCE、DEFAULT _ DATE。

（5）方法的命名规则。

普通成员方法，采用完整的英文描述说明成员方法功能，第一个单词要采用一个生动的动词，第一个字母小写，例如 openFile（）、addAccount（）。属性存取方法，属性存取器是类中对某个私有属性值进行读、写的方法。对于读取属性值的方法称为属性获取方法，而对于属性赋值的方法称为属性设置方法。属性获取方法的命名，采用访问属性名的前面加前缀 get，如 getFirstName（）、getLastName（）；所有布尔型获取方法必须用单词 is 做前缀，例如 isPersistent（）、isString（）；属性设置方法的命名，在被访问字段名的前面加上前缀 set，例如 setFirstName（）、setLastName（）、setWarpSpeed（）。

（6）组件（component）的命名规则。

组件使用完整的英文描述来说明组件的用途，末端应接上组件类型，例如 canceButton、customerList、fileMenu。

2.2   JDK 简介

JDK 是 Java Development Kit（Java 开发工具包）的缩写，由 SUN 公司提供。它为 Java 程序提供了基本的开发和运行环境。JDK 还可以称为 JavaSE（Java Standard Edition，Java 标准开发环境）。JDK 的官方下载地址为：http：//java.sun.com。

JDK 主要包括以下内容：

（1）Java 虚拟机程序：负责解析和运行 Java 程序。在各种操作系统平台上都有相应的 Java 虚拟机程序。在 Windows 操作系统中，该程序的文件名为 java.exe。

（2）Java 编译器程序：负责编译 Java 源程序。在 Windows 操作系统中，该程序的文件名为 javac.exe。

（3）JDK 类库：提供了最基础的 Java 类及各种实用类。java.lang、java.io、java.util、java.awt 和 javax.swing 包中的类都位于 JDK 类库中。

假定 JDK 安装到本地后的根目录为 C:\jdk，在 C:\jdk\bin 目录下有一个 java.exe 和 javac.exe 文件，它们分别为 Java 虚拟机程序和 Java 编译器程序。为了便于在 DOS 命令行下直接运行 Java 虚拟机程序和 Java 编译器程序，可以把 C:\jdk\bin 目录添加到操作系统的 PATH 系统环境变量中。

第 3 章　数据类型、常量、变量

数据类型在计算机语言里面，是对内存位置的一个抽象表达方式，可以理解为针对内存的一种抽象的表达方式。接触每种语言的时候，都会存在数据类型的认识，有复杂的、简单的，各种数据类型都需要在学习初期去了解。由于 Java 是强类型语言，因此 Java 对于数据类型的规范会相对严格。数据类型是语言的抽象原子概念，可以说是语言中最基本的单元定义，在 Java 里面，本质上讲将数据类型分为两种：基本类型和复杂类型。

（1）基本类型。基本数据类型是不能简化的、内置的数据类型，它由编程语言本身定义，表示了真实的数字、字符和整数。

（2）复杂类型。Java 语言本身不支持 C++中的结构（struct）或联合（union）数据类型，它的复合数据类型一般都是通过类或接口进行构造，类提供了捆绑数据和方法的方式，同时可以针对程序外部进行信息隐藏。

3.1　基本数据类型

3.1.1　概　念

Java 中的基本类型从概念上分为四种：实数、整数、字符、布尔值。但是有一点需要说明的是，Java 里面只有八种原始类型，其列表如下：

实数：double、float

整数：byte、short、int、long

字符：char

布尔值：boolean

复杂类型和基本类型的内存模型本质上是不一样的，基本数据类型的存储原理是这样的：所有的基本数据类型不存在"引用"的概念，都是直接存储在内存中的内存栈上的，数据本身的值就是存储在栈空间里的，而 Java 语言里面只有这八种数据类型是这种存储模型；而其他的只要是继承于 Object 类的复杂数据类型都是按照 Java 里面存储对象的内存模型来进行数据存储的，使用 Java 内存堆和内存栈来进行这种类型的数据存储，简单地讲，"引用"是存储在有序的内存栈上的，而对象本身的值是存储在内存堆上的。

3.1.2　详细介绍

Java 的基本数据类型详细介绍如下：

（1）int。int 为整数类型，用 4 个字节存储，取值范围为 – 2 147 483 648 ~ 2 147 483 647。在变量初始化的时候，int 类型的默认值为 0。

（2）short。short 属于整数类型，用 2 个字节存储，取值范围为 – 32 768 ~ 32 767。在变量初始化的时候，short 类型的默认值为 0。

（3）long。long 属于整数类型，用 8 个字节存储，取值范围为 – 9 223 372 036 854 775 808 ~ 9 223 372 036 854 775 807。在变量初始化的时候，long 类型的默认值为 0L 或 0l，也可直接写为 0。

（4）byte。byte 同样属于整数类型，用 1 个字节来存储，取值范围为 – 128 ~ 127。在变量初始化的时候，byte 类型的默认值也为 0。

（5）float。float 属于实数类型，在存储的时候，用 4 个字节来存储，取值范围为 32 位 IEEE 754 单精度范围。在变量初始化的时候，float 的默认值为 0.0f 或 0.0F，在初始化的时候可以写为 0.0。

（6）double。double 同样属于实数类型，用 8 个字节来存储，取值范围为 64 位 IEEE 754 双精度范围。在变量初始化的时候，double 的默认值为 0.0。

（7）char。char 属于字符类型，用 2 个字节来存储。因为 Java 本身的字符集不是使用 ASCII 码来进行存储，而是 16 位 Unicode 字符集，所以它的字符范围即是 Unicode 的字符范围。在变量初始化的时候，char 类型的默认值为'u0000'。

（8）boolean。boolean 属于布尔类型，在存储的时候不使用字节，仅仅使用 1 位来存储，范围仅仅为 0 和 1，其字面量为 true 和 false。boolean 变量在初始化的时候默认值为 false。

3.1.3　相关介绍

当 Java 基本类型使用字面量赋值的时候，有几个简单的特性如下：

（1）当整数类型的数据使用字面量赋值的时候，默认值为 int 类型，就是直接使用 0 或者其他数字的时候，值的类型为 int 类型，因此当使用 long a = 0 这种赋值方式的时候，JVM 内部存在数据转换。

（2）当实数类型的数据使用字面量赋值的时候，默认值为 double 类型，就是当字面量出现的时候，JVM 会使用 double 类型的数据类型。

（3）从 JDK 5.0 开始，Java 出现了自动拆箱解箱的操作，说明如下：

对应原始的数据类型，每种数据类型都存在一个复杂类型的封装类，分别为 Boolean、Short、Float、Double、Byte、Int、Long、Character，这些类型都是内置的封装类，这些封装类（Wrapper）提供了很直观的方法。针对封装类需要说明的是，每种封装类都有一个 xxxValue（）的方法，通过这种方法可以把它引用的对象里面的值转化成为原始变量的值，不仅仅如此，每个封装类都还存在一个 valueOf（String）的方法直接把字符串对象转换为相应的简单类型。

在 JDK 5.0 之前，不存在自动拆解箱的操作，因此在这之前是不能使用以下赋值方式的代码的：

```
Integer a = 0;
```

这种赋值方式不能够在 JDK 1.4 及以下的 JDK 编译器中通过，但是 JDK 5.0 出现了自动拆解箱的操作，因此在 JDK 5.0 以上的编译器中，以上的代码是可以通过的。

3.1.4　类型转换

在 Java 中，基本数据类型转换分为两种：自动转换和强制转换。

（1）自动转换。当一个较"小"的数据和较"大"的数据一起运算的时候，系统将自动将较"小"的数据转换为较"大"的数据，再进行运算。

在方法调用过程中，如果实际参数较"小"，而函数的形参比较"大"的时候，除非有匹配的方法，否则会直接使用较"大"的形参函数进行调用。

（2）强制转换。将"大"数据转换为"小"数据时，可以使用强制类型转换，使用如下语句：

```
int a = (int) 3.14;
```

只是在上边这种类型转换的时候，有可能会出现精度损失。

关于类型的转换，遵循如下规则：

- 所有的 byte、short、char 类型的值将提升为 int 类型；
- 如果有一个操作数是 long 类型，计算结果是 long 类型；
- 如果有一个操作数是 float 类型，计算结果是 float 类型；
- 如果有一个操作数是 double 类型，计算结果是 double 类型。

自动类型转换总结如下：

```
byte -> short (char) -> int -> long -> float -> double
```

而如果是强制转换，就将上边的图反过来。

3.2　引用类型

Java 语言中除八种基本数据类型以外的数据类型就称为引用类型，或复合数据类型。

引用类型的数据都是以某个类的对象的形式存在的。在程序中声明的引用类型变量只是为该对象起的一个名字，或者说是对该对象的引用，变量的值是对象在内存空间中的存储地址而不是对象本身，这就是称之为引用类型的原因。

引用类型数据以对象的形式存在，其构造、初始化以及赋值的机制都与基本数据类型的变量有所不同。声明基本数据类型的变量时，系统同时为该变量分配存储空间，此空间中将直接保存基本数据类型的值；而在声明引用类型变量时，系统只为该变量分配引用空间，并未创建一个具体的对象或者说并没有为对象分配存储空间，将来在创建一个该引用类型的对象后，再使变量和对象建立对应关系。这样来看，声明的引用类型变量，就是一把钥匙（引用），而将来创建的并与变量建立对应关系的对象，才是真正要操作的数据，相当于一个放满需要数据和操作的仓库。

这里以例程 2.1 的 Triangle 类为例来说明声明一个引用类型变量，以及与之对应的对象创建过程。

```
Triangle triangle;
triangle = new Triangle (3, 4, 5);
```

这个代码段的作用是建立并初始化一个 Triangle 引用类型数据,以对象 triangle 为例讲解了引用类型数据的初始化过程(对象的初始化过程):

(1)执行语句"Triangle triangle;"时,系统为引用类型变量 triangle 分配了引用空间(定长 32 位),此时只是定义了变量 triangle,还未进行初始化等工作,因此还不能调用 Triangle 类中定义的方法。

(2)执行语句"triangle = new Triangle (3, 4, 5);",先创建一个 Triangle 类的对象——为新对象分配内存空间以存储该对象所有属性的值,并对各属性的值进行了默认初始化。此时 a、b、c 的值都是 0。

(3)接下来执行 Triangle 类的构造方法,继续此新对象的初始化工作。构造方法中又要求对新构造的对象的成员变量进行赋值,因此,此时 a、b、c 的值变成了 3、4、5。

(4)至此,一个 Triangle 类的新对象的构造与初始化构造已完成。最后再执行"triangle = new Triangle (3, 4, 5);"中的" = "号赋值操作,将新创建对象存储空间的首地址赋值给 Triangle 类型变量 triangle,于是引用类型变量 triangle 与一个具体的对象建立了联系,称 triangle 是对该对象的一个引用。

最后,总结对象的构造及初始化程序如下:

(1)分配内存空间;

(2)进行属性的默认初始化;

(3)执行构造方法,进行属性的显式初始化;

(4)为引用型变量赋值。

3.3　常　量

在任何开发语言中,都需要定义常量,在 Java 开发语言平台中也不例外。不过在 Java 语言中定义常量,跟其他语言有所不同。本节主要针对 Java 语言中定义常量的注意事项进行解析。在 Java 语言中,主要利用 final 关键字来定义常量。当常量被设定后,一般情况下就不允许再进行更改。定义常量的语法形式如下:

```
final double PI = 3.1415;
```

在定义常量时,需要注意以下内容:

(1)常量在定义的时候,就需要对其进行初始化。也就是说,必须要在常量声明时对其进行初始化,这跟局部变量或者成员变量的初始化不同。当常量在定义时被初始化后,在应用程序中就无法再次对该常量进行赋值。如果强行赋值的话,会跳出错误信息,并拒绝接受这个新的值。

(2)final 关键字使用的范围。final 关键字不仅可以用来修饰基本数据类型的常量,还可以用来修饰对象的引用或者方法。如数组就是一个对象引用,为此可以使用 final 关键字来定义一个常量的数组。这就是 Java 语言中一个很大的特色。一旦一个数组对象被 final 关键字设置为常量数组之后，它只能够恒定指向某个数组对象，无法改变使其指向另一个对象，也无法更改数组中的值。

（3）命名规则。不同的语言，在定义变量或者常量的时候，都有自己的一套编码规则，这主要是为了提高代码的共享程度和易读性。在 Java 语言中，定义常量也有自己的一套规则。如在给常量取名的时候，一般都用大写字符。在 Java 语言中，对大小写字符是敏感的。之所以采用大写字符，主要是跟变量进行区分。虽然说给常量取名时采用小写字符，也不会有语法上的错误。但是，为了在编写代码时能够一目了然判断变量与常量，最好还是将常量设置为大写字符。另外，在常量中，往往通过下划线来分隔不同的字符，而不像对象名或者类名那样，通过首字符大写的方式来进行分隔。虽然这些规则不是强制性的，但是为了提高代码友好性和方便开发团队中的其他成员阅读，这些规则还是需要遵守的。

3.4 变 量

变量是 Java 程序的一个基本存储单元。变量由一个标识符、类型及一个可选初始值组合定义。此外，所有的变量都有一个作用域以定义变量的可见性、生存期。

在 Java 中，所有的变量必须先声明再使用。基本的变量声明方法如下：

```
type identifier[ = value][, identifier[ = value]...];
```

type 可以是 Java 的基本类型之一，或者是类及接口类型的名字。标识符（identifier）是变量的名字，指定一个等号和一个值来初始化变量。请记住初始化表达式必须产生与指定的变量类型一样（或兼容）的变量。声明指定类型的多个变量时，使用逗号将各变量分开，如：

```
int a, b, c;
double pi = 3.1415926;
```

3.4.1 static

成员变量被分为类属性和实例属性两种。在定义一个属性时不使用 static 修饰的就是实例属性，使用 static 修饰的就是类属性。其中类属性从这个类的准备阶段起就存在，直到系统完全销毁这个类。类属性的作用域与这个类的生存范围相同，可以理解为类成员变量，它作为类的一个成员，与类共存亡。static 有以下特性：

（1）静态方法和静态变量属于某一个类，而不属于类的对象。

（2）静态方法和静态变量直接通过类名引用。

（3）在静态方法中不能调用非静态的方法和引用非静态的成员变量。反之，则可以。

（4）静态变量在某种程序上与其他语言的全局变量相类似，如果不是私有的就可以在类的外部进行访问。

在创建一个类的实例时（对象），通常使用 new 方法，这样这个对象的数据空间才会被创建，其方法才能被调用。

有时候希望一个类可以创建 n 个对象（显然这 n 个对象的数据空间是不相同的），但这 n 个对象的某些数据是相同的，即不管这个类有多少的实例，这些数据对这些实例而言只有一份内存拷贝，如例程 3.1 所示。这是静态变量的情形。static 变量在类被载入时创建，只要类存在，static 变量就存在。static 变量在定义时必须进行初始化，且仅进行一次。

```java
public class TStatic {
    static int i;

    public TStatic() {
        i = 4;
    }

    public TStatic(int j) {
        i = j;
    }

    public static void main(String args[]) {
        System.out.println(TStatic.i);
        TStatic t = new TStatic(5); // 声明对象引用，并实例化。此时i=5
        System.out.println(t.i);
        TStatic tt = new TStatic(); // 声明对象引用，并实例化。此时i=4
        System.out.println(t.i);
        System.out.println(tt.i);
        System.out.println(t.i);
    }
}
```

例程 3.1　TStatic.java

另一种情形是，用户希望某个方法不与包含它的类的任何对象关联在一起。也就是说，即使没有创建对象，也能够调用这个方法。static 方法的一个重要用法就是在不创建任何对象的前提下，就可以调用它，如例程 3.2 所示。这是静态方法的情形。在使用静态方法时需要注意的是，在静态方法中不能调用非静态的方法和引用非静态的成员变量（在 static 方法中也不能以任何方式引用 this 或 super）。理由很简单，对于静态的东西，JVM 在加载类时，就在内存中开辟了这些静态的空间（可以直接通过类名引用），而此时非静态的方法和成员变量所在的类还没有实例化，因此如果要使用非静态的方法和成员变量，可以直接在静态方法中实例化该方法或成员变量所在的类，public static void main 就是这么做的。

```
class ClassA {
    static int b;

    static void ex1() {}
}


class ClassB {
    void ex2() {
        int i;
        i = ClassA.b; // 这里通过类名访问成员变量b
        ClassA.ex1(); // 这里通过类名访问成员函数ex1
    }
}
```

例程 3.2　ClassA.java

还有一种特殊的用法出现在内部类中，通常一个普通类不允许声明为静态的，只有一个内部类才可以。这时这个被声明为静态的内部类可以直接作为一个普通类来使用，而不需实例一个外部类，如例程 3.3 所示。这是静态类的情形。

```
public class StaticCls {
    public static void main(String[] args) {
        OuterCls.InnerCls oi = new OuterCls.InnerCls();// 这之前不需要new一个
OuterCls
    }
}


class OuterCls {
    public static class InnerCls {
        InnerCls() {
            System.out.println("InnerCls");
        }
    }
}
```

例程 3.3　StaticClas.java

static 定义的变量会优先于任何其他非 static 变量，不论其出现的顺序如何。静态代码块（在"static{"后面跟着一段代码）用来进行显式地静态变量初始化，这段代码只会初始化一次，且发生在类被第一次装载时。

3.4.2 局部变量的作用域和生命周期

局部变量指的是在方法作用域内定义的变量，方法定义的作用域以它的左大括号开始。但是，如果该方法有参数，那么它们也被包括在该方法的作用域中。作为一个通用规则，在一个作用域中定义的变量对于该作用域外的程序是不可见的。因此，当在一个作用域中定义一个变量时，就将该变量局部化并且保护它不被非授权访问或修改。

作用域可以进行嵌套。例如当每次创建一个程序块时，就创建了一个新的嵌套的作用域。这样，外面的作用域包含内部的作用域。这意味着外部作用域定义的对象对于内部作用域中的程序是可见的。而反过来就是错误的，内部作用域定义的对象对于外部是不可见的。

为了理解嵌套作用域的效果，考虑下面的程序：

```java
public class Scope{

Public static void main(String args[]){

    int x;
    x=10;
    if(x==10)
    {
      int y=20;
      System.out.println("x and y:"+x+" "+y);
      x=y*2;
    }
  System.out.println("x is "+x);
  }
}
```

例程 3.4　Scope.java

在方法 main（）的开始处定义了变量 x，因此它对于 main（）中所有的随后的代码都是可见的。在 if 程序块中定义了变量 y。因为一个块定义一个作用域，y 仅仅对在它的块以内的其他代码可见。变量 y 在它的程序块之外是不可见的。在 if 程序块中可以使用变量 x，因为块（即一个嵌套作用域）中的程序可以访问被其包围作用域中定义的变量。

变量可以在程序块内的任何地方被声明，但是只有在它们被声明以后才是合法有效的。因此，如果在一个方法的开始就定义了一个变量，那么它对于在该方法以内的所有程序都是可用的。反之，如果用户在一个程序块的末尾声明了一个变量，它就没有任何用处，原因在于没有程序会访问它。

变量在其作用域内被创建，离开其作用域时被撤销。这意味着一个变量一旦离开它的作用域，将不再保存它的值。因此，在一个方法内定义的变量在几次调用该方法之间将不再保存它们的值。同样，在块内定义的变量在离开该块时也将丢弃它的值。因此，一个变量的生存期就被限定在它的作用域中。如果一个声明定义包括一个初始化，那么每次进入声明它的程序块时，该变量都要被重新初始化。

3.4.3　成员变量的作用域和生命周期

成员变量指的是类范围里定义的变量，也就是前面所说的属性。把类属性和实例属性统称为成员变量，其中实例属性可理解为实例成员变量，它作为实例的一个成员，与实例共存亡。成员变量无须显式初始化，只要为一个类定义了类属性或实例属性，则系统会在这个类的准备阶段或创建这个类的实例时进行默认初始化，成员变量默认初始化时的赋值规则与数组动态初始化时数组元素的赋值规则完全相同。

当系统加载类或创建该类的实例时，系统自动为成员变量分配内存空间，并在分配内存空间后，自动为成员变量指定初始值，如例程 3.5 所示。

```java
class Person{

    public String name;
    public static int eyeNum ;
}
public class PersonTest{

    public static void main(String[] args){
    //创建第一个Person对象
    Person p1 = new Person();
    //创建第二个Person对象
    Person p2 = new Person();
    //分别为两个person对象的name属性赋值
    p1.name = "世界";
       p2.name = "您好";
    //分别为两个person对象的eyeNum属性赋值
    p1.eyeNum = 2;
    p2.eyeNum = 3;
       }

}
```

例程 3.5　PersonTest.java

当程序执行代码"Perosn p1 = new Person（ ）;"时，如果这行代码是第一次使用 Person 类，则系统通常会在第一次使用 Person 时加载并初始化这个类。在类的准备阶段，系统将会为该类的类属性分配内存空间，并指定默认初始值。当 Person 类初始化完成后，系统中内存储如图 3.1 所示。

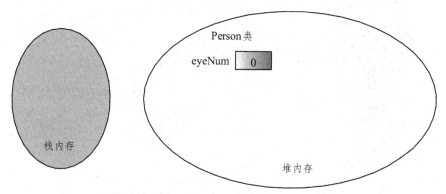

图 3.1 初始化 Person 类后的存储示意图

由图 3.1 可以看出，当 Person 类初始化完成后，系统将在堆内存中为 Person 类分配一块内存区（当 Person 类初始化完成后，系统会隐含地为 Person 类创建一个类对象，在这块内存区里包含了保存类属性 eyeNum，并设置 eyeNum 的默认初始值为 0。

系统接着创建了一个 Person 对象，并把这个 Person 对象赋给 P1 变量，Person 对象里包含了名为 name 的实例属性，实例属性是在创建实例时分配内存空间并指定初始值的。当创建了第一个 Person 对象时，系统的内存存储如图 3.2 所示。

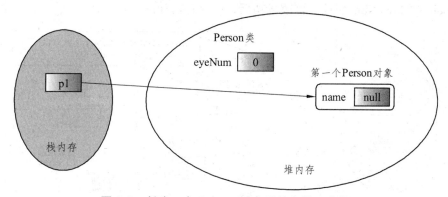

图 3.2 创建一个 Person 对象后的存储示意图

由图 3.2 可以看出，因为 eyeNum 类属性并不属于 Person 对象，它是属于 person 类的，所以创建第一个 Person 对象时并没有为 eyeNum 类属性分配内存，系统只是为 name 实例属性分配了内存空间并指定默认初始值为 null。

接着执行"Person p2 = new Person（ ）;"，代码创建第二个 Person 对象，此时因为 Person 类已经存在于堆内存中了，所以不再需要对 Person 类进行初始化。创建第二个 Person 对象与创建第一个 Person 对象并没有什么不同。

当程序执行"p1.name = "张三";"代码时，将为 p1 的 name 属性赋值，也就是堆内存中的 name 指向一个"张三"的字符串，执行完成后，两个 Person 对象在内存中存储如图 3.3 所示。

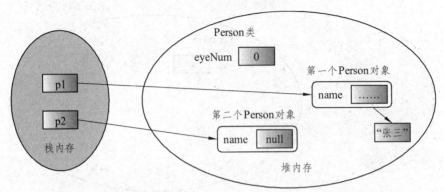

图 3.3　为第一个 Person 对象的 name 属性赋值后的示意图

由图 3.3 中可以理解到，name 属性是 Person 的实例属性，因此修改第一个 Person 对象的 name 属性时仅仅与该对象有关，与 Person 类和其他 Person 对象没有任何关系。同样，修改第二个 Person 对象的 name 属性时，也只修改了这个 Person 对象的 name 属性，与 Person 类和其他 Person 对象无关。

直到执行"p1.eyeNum = 2；"代码时，此时通过 Person 对象来修改 Person 的类属性。由前面的图看出，Person 对象根本没有保存 eyeNum 属性，通过 p1 访问的 eyeNum 属性，其实还是 Person 类的 eyeNum 属性。修改成功后，内存存储如图 3.4 所示。

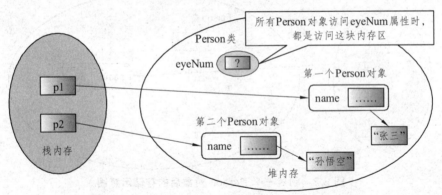

图 3.4　设置 p1 的 eyeNum 属性后的存储示意图

由图 3.4 可以看出，当通过 p1 来访问其类属性时，实际上访问的是 Person 类的 eyeNum 属性。事实上，所有 Person 实例访问 eyeNum 属性时都将访问到 Person 类的 eyeNum 属性，因此不管是 Person 类访问 eyeNum 属性，还是通过任何 Person 对象来访问 eyeNum 属性，所访问的都是同一块内存。如果修改数值后，Person 类和所有的 Person 对象的 eyeNum 属性都会随之改变（因为它们所引用的内存地址一样）。

在同一个类里，成员变量在整个类内有效，一个类里不能定义两个同名的成员变量，即使一个是类属性，一个是实例也不行；一个方法里不能定义两个同名的局部变量，即使一个是方法局部变量，一个是代码块局部变量或者形参也不行。

Java 允许局部变量和成员变量同名，如果方法里的局部变量和成员变量同名，局部变量会覆盖成员变量，如果需要在这个方法里引用被覆盖的成员变量，则可使用 this（对于实例属性）或类名（对于类属性）作为调用者来限定访问成员变量。

3.5　参数传递

Java 方法的参数是简单类型的时，参数传递是按值传递的 （pass by value）。这一点可以通过例程 3.6 来说明：

```java
public class Test{

    public static void test(boolean test){

        test = !test;
        System.out.println("In test(boolean) : test = " + test);
    }

    public static void main(String[] args){

        boolean test = true;
        System.out.println("Before test(boolean) : test = " + test);
        test(test);
        System.out.println("After test(boolean) : test = " + test);
    }
}
```

例程 3.6　Test.java

运行结果：
```
Before test(boolean) : test = true
In test(boolean) : test = false
After test(boolean) : test = true
```

不难看出，虽然在 test（boolean）方法中改变了传进来的参数的值，但对这个参数的源变量本身并没有影响，即对 main（String[]）方法里的 test 变量没有影响。那说明参数类型是简单类型的时候，是按值传递的。以参数形式传递简单类型的变量时，实际上是将参数的值作了一个拷贝传进方法的，那么在方法里再怎么改变其值，其结果都是只改变了拷贝的值，而不是源值。Java 是传值还是传引用，问题主要出在对象的传递上，因为 Java 中简单类型没有引用，因此首先必须要知道引用是什么。

简单地说，引用其实就像是一个对象的名字或者别名，一个对象在内存中会请求一块空间来保存数据，根据对象大小的不同，它可能需要占用的空间大小也不等。访问对象的时候，不会直接访问对象在内存中的数据，而是通过引用去访问。引用也是一种数据类型，可以把它想象为类似 C 语言中的指针，它指示了对象在内存中的地址——只不过不能够观察到这个地址究竟是什么。

如果定义了不止一个引用指向同一个对象，那么这些引用是不相同的，因为引用也是一种数据类型，需要一定的内存空间来保存。但是它们的值是相同的，都指示同一个对象在内存中的位置。比如：

```
String a = "Hello";
String b = a;
```

这里，a 和 b 是不同的两个引用，使用了两个定义语句来定义它们。但它们的值是一样的，都指向同一个对象"Hello"。因为 String 对象的值本身是不可更改的（像 b = "World"；b = a；这种情况不是改变了"World"这一对象的值，而是改变了它的引用 b 的值使之指向了另一个 String 对象 a）。下面用 StringBuffer 来举例说明，如例程 3.7 所示。

```
public class Test{

    public static void main(String[] args){

        StringBuffer a = new StringBuffer("Hello");
        StringBuffer b = a;
        b.append(", World");
        System.out.println("a is " + a);
    }
}
```

例程 3.7　Test.java

运行结果：

```
a is Hello, World
```

这个例子中 a 和 b 都是引用，当改变了 b 指示的对象的值的时候，从输出结果来看，a 所指示的对象的值也改变了。因此，a 和 b 都指向同一个对象，即包含"Hello"的一个 StringBuffer 对象。

注意：

（1）引用是一种数据类型，保存了对象在内存中的地址，这种类型既不是平时所说的简单数据类型也不是类实例（对象）；

（2）不同的引用可能指向同一个对象，换句话说，一个对象可以有多个引用，即该类型的变量。

关于对象的传递，有两种说法，即"它是按值传递的"和"它是按引用传递的"。这两种说法各有各的道理，但是都没有从本质上去分析，以至于产生了争论。

既然现在已经知道了引用是什么，那么不妨来分析一下对象作为参数是如何传递的。首先来看例程 3.8：

```java
public class Test{

    public static void test(StringBuffer str){

        str.append(", World!");
    }
    public static void main(String[] args){

        StringBuffer string = new StringBuffer("Hello");
        test(string);
        System.out.println(string);
    }
}
```

例程 3.8 Test.java

运行结果：

```
Hello, World!
```

test(string)调用了 test(StringBuffer)方法，并将 string 作为参数传递了进去。这里 string 是一个引用，这一点是毋庸置疑的。前面提到引用是一种数据类型，而且不是对象，因此它不可能按引用传递，而是按值传递的，它的值就是对象的地址。

由此可见，对象作为参数的时候是按值传递的，对吗？错！为什么错，下面看例程 3.9：

```java
public class Test{

    public static void test(String str){

        str = "World";
    }

    public static void main(String[] args){

        String string = "Hello";
        test(string);
        System.out.println(string);
    }
}
```

例程 3.9 Test.java

运行结果：

```
Hello
```

为什么会这样呢？因为参数 str 是一个引用，而且它与 string 是不同的引用，虽然它们都是同一个对象的引用。str = "World"则改变了 str 的值，使之指向了另一个对象，虽然 str 指向的对象改变了，但它并没有对"Hello"造成任何影响，而且由于 string 和 str 是不同的引用，str 的改变也没有对 string 造成任何影响。

其结果是推翻了参数按值传递的说法。那么，对象作为参数的时候是按引用传递的了？也错！因为上一个例子的确能够说明它是按值传递的。

结果，就像光到底是波还是粒子的问题一样，Java 方法的参数是按什么传递的问题，其答案就只能是：既是按值传递也是按引用传递，只是参照物不同，因此结果也就不同。

要正确看待这个问题必须要搞清楚为什么会有这样一个问题。实际上，问题来源于 C，而不是 Java。C 语言中有一种数据类型叫做指针，于是将一个数据作为参数传递给某个函数的时候，就有两种方式：传值或传指针，它们的区别可以用例程 3.10 来说明：

```
void Swapvalue(int a, int b) {
  int t = a;
  a = b;
  b = t;
}
void SwapPointer(int * a, int * b){
  int t = * a;
  * a = * b;
  * b = t;
}
void main() {
  int a = 0, b = 1;
  printf("1 : a = %d, b = %d\n", a, b);
  Swapvalue(a, b);
  printf("2 : a = %d, b = %d\n", a, b);
  SwapPointer(&a, &b);
  printf("3 : a = %d, b = %d\n", a, b);
}
```

例程 3.10   swap.c

运行结果：

```
1 : a = 0, b = 1
2 : a = 0, b = 1
3 : a = 1, b = 0
```

　　大家可以明显看到，按指针传递参数可以方便修改通过参数传递进来的值，而按值传递就不行。

　　当 Java 成长起来的时候，许多的 C 程序员开始转向学习 Java，他们发现，使用类似 Swapvalue 的方法仍然不能改变通过参数传递进来的简单数据类型的值，但是如果是一个对象，则可能将其成员随意更改。于是他们觉得这很像是 C 语言中传值/传指针的问题。但是 Java 中没有指针，那么这个问题就演变成了传值/传引用的问题。可惜将这个问题放在 Java 中进行讨论并不恰当。

　　讨论这样一个问题的最终目的只是为了搞清楚何种情况才能在方法中方便地更改参数的值并使之长期有效。

　　Java 中，改变参数的值有两种情况：第一种，使用赋值号"="直接进行赋值使其改变；第二种，对于某些对象的引用，通过一定途径对其成员数据进行改变。对于第一种情况，其改变不会影响到该方法以外的数据，或者源数据。而第二种方法则相反，会影响到源数据——因为引用指示的对象没有变，对其成员数据进行改变则实质上是改变该对象。

3.6　变量的初始化及默认值

　　本节将讨论变量的初始化，先来看一下 Java 中有哪些种类的变量：
　　类的属性，或者叫值域；方法里的局部变量；方法的参数。

3.6.1　成员变量的初始化

　　对于成员变量，Java 虚拟机会自动进行初始化。如果给出了初始值，则初始化为该初始值。如果没有给出，则把它初始化为该类型变量的默认初始值：

　　int 类型变量默认初始值为 0；float 类型变量默认初始值为 0.0f；double 类型变量默认初始值为 0.0；boolean 类型变量默认初始值为 false；char 类型变量默认初始值为 0（ASCII 码）；long 类型变量默认初始值为 0。

　　所有对象引用类型变量默认初始值为 null，即不指向任何对象。注意数组本身也是对象，因此没有初始化的数组引用在自动初始化后其值也是 null。

　　对于两种不同的类属性：static 属性与 instance 属性，初始化的时机是不同的。instance 属性在创建实例的时候初始化，static 属性在类加载（也就是第一次用到这个类的时候）初始化，对于后来的实例的创建，不再进行初始化。

3.6.2　局部变量的初始化

　　对于局部变量，必须明确地进行初始化。如果在没有初始化之前就试图使用它，编译器会抗议。如果初始化的语句在 try 块中或 if 块中，也必须要让它在第一次使用前一定能够得到赋值。也就是说，把初始化语句放在只有 if 块的条件判断语句中编译器也会抗议，因为执行的时候可能不符合 if 后面的判断条件，如此一来初始化语句就不会被执行了，这就违反了局部变量使用前必须初始化的规定。但如果在 else 块中也有初始化语句，就可以通过编译，因为无论如何，总有至少一条初始化语句会被执行，不会发生使用前未被初始化的情况。对于 try-catch 也是一样，如果只有在 try 块里才有初始化语句，编译不通过，如果在 catch 或 finally 里也有，则可以通过编译。总之，要保证局部变量在使用之前一定被初始化。一个好的做法是在声明它们的时候就初始化它们，如果不知道要初始化成什么值好，就用上面的默认值吧！

其实方法的参数和局部变量本质上是一样的，都是方法中的局部变量。只不过作为参数，肯定是被初始化过的，传入的值就是初始值，所以不需要初始化。

第 4 章 操 作 符

4.1 操作符简介

运算符（operator）又称操作符，是一些特殊的符号，常用于数学函数、一些类型的赋值语句和逻辑比较方面。运算符的作用是告诉编译器用户想在操作数上进行何种操作。

基本的运算符按功能可以分为：算数操作符、关系操作符、逻辑操作符、赋值操作符、条件操作符。

按所需操作数的个数可分为：单目操作符（只需要一个操作数）、双目操作符（需要两个操作数）和三目操作符（需要三个操作数）。

4.2 算术操作符

在 Java 语言中，算术操作符包括单目操作符和双目操作符。算术操作符用于对整型数或浮点数进行运算，即操作数必须是数字类型，不能对 boolean 类型使用这种操作符，但 char 类型可以，它是 int 类型的子集。算术操作符如表 4.1 所示。

表 4.1 算术操作符

操作符	名称	用法	说明	所需操作数
+	加	a+b	求 a 与 b 的和	2
-	减	a-b	求 a 与 b 的差	2
*	乘	a*b	求 a 与 b 的积	2
/	除	a/b	求 a 除以 b	2
%	取余	a%b	求 a 除以 b 的余数	2
-	取反	-a	求 a 的相反数	1
++	自加	a++或++a	自加 1	1
--	自减	a--或--a	自减 1	1

（1）双目运算：双目运算符中 + 、- 、* 、/对于浮点型和整型数都有效，而%只针对整型数运算。如例程 4.1 所示。

```java
public class ArithmeticOperatorsTest{

    public static void main(String[] args) {

        int a=9;
        int b=5;
        int c=a+b;
        System.out.println("和为: "+c);
        int d=a-b;
        System.out.println("减为: "+d);
        int e=a*b;
        System.out.println("乘为: "+e);
        int f=a/b;
        System.out.println("除为: "+f);
        int g=a%b;
        System.out.println("取余数为: "+g);
    }
}
```

例程 4.1   ArithmeticOperatorsTest.java

（2）单目运算：自增（++）和自减（--）只能用于变量，而不能用于常量和表达式。运算符++和--有两种用法：a++指表达式运算完以后再给 a 加 1，++a 是指先给 a 加 1 后再进行表达式运算；--运算符有相似的作用。如例程 4.2 所示。

```java
public class SelfTest{

    public static void main(String[ ] args) {

        int i=7;
        System.out.println(++i+i+++i);
    }
}
```

例程 4.2   SelfTest.java

4.3   关系操作符

在 Java 中，任何数据类型（除布尔类型的数据以外的基本型和组合型）都可以通过==

或!=来进行比较运算,返回布尔类型 true 或 false。关系运算符常与布尔逻辑运算符一起使用,作为流程控制语句的判断条件。关系操作符如表 4.2 所示。

表 4.2 关系操作符

操作符	名称	用法	说明	所需操作数
==	等于	a==b	a 等于 b	2
! =	不等于	a!=b	a 不等于 b	2
>=	大于等于	a>=b	a 大于等于 b	2
<=	小于等于	a<=b	a 小于等于 b	2
>	大于	a>b	a 大于 b	2
<	小于	a<b	a 小于 b	2

例程 4.3 展示了在关系运算中如何使用 boolean 类型数据。用 boolean 类型数据描述学员张三的考试成绩(88.8)是否比学员李四高。

```java
public class RelationalOperatorsTest {

    public static void main(String[] args) {

        double zhangsanfenshu=88.8;
        System.out.println("请您输入李四的分数: ");
        Scanner input=new Scanner(System.in);
        double lisifenshu=input.nextDouble();
        System.out.println("张三的分数高于李四的分数吗? "+jieguo);
        int a=8;
        int b=9;
        System.out.println("a>b    ?"+(a>=b));
        System.out.println("a>=b   ?"+(a>=b));
        System.out.println("a<b    ?"+(a<b));
        System.out.println("a<=b   ?"+(a<=b));
        System.out.println("a==b   ?"+(a==b));
        System.out.println("a!=b   ?"+(a!=b));
        System.out.println("a==b   ?"+(a==b));
        System.out.println("a!=b   ?"+(a=b));
    }
}
```

例程 4.3 RelationalOperatorsTest.java

4.4　逻辑操作符

表 4.3 列出了所有逻辑操作符，所有的逻辑操作符将两个布尔类型的值进行逻辑运算并返回其相应的布尔结果 true 或 false。

表 4.3　逻辑操作符

操作符	名称	用法	说明	所需操作数
&&	短路与	a&&b	只有 a 为 true 才判断 b 的值	2
||	短路或	a||b	只要 a 为 true 就不会判断 b 的值	2
^	异或	a^b	当 a 与 b 不同时为 true，否则为 false	2
&	与	a&b	当 a，b 同时为 true 时，结果为 true	2
|	或	a|b	当 a，b 中有一个为 true 时，结果为 true	2
!	非	! a	当 a 为 false，结果为 true	1

注：&&：短路与，所谓短路与就是在 a&&b 中，当 a 为 false 时，就不会再去判断 b 是真还是假。短路与执行的顺序是从左到右，在确定第一个表达式值为假之后就没有必要执行第二个条件句。

　　\|\|：短路或，所谓短路或就是在第一个条件为真时，将不执行第二个条件表达式。有这样的操作符，在一些关键的算法中将节约时间。

例程 4.4 展示了在逻辑运算中如何使用 boolean 类型数据。

```java
public class LogicOperationTest{

    public static void main(String[] args){

        boolean flag1=3>2;
        boolean flag2=5<2;
        System.out.println("flag1&flag2结果为："+(flag1&flag2));
        System.out.println("flag1|flag2结果为："+(flag1|flag2));
        System.out.println("flag1^flag2结果为："+(flag1^flag2));
        System.out.println("!flag2        结果为："+(!flag2));
        System.out.println("flag1&&flag2结果为："+(flag1&&flag2));
        System.out.println("flag1||flag2结果为："+(flag1||flag2));
    }
}
```

例程 4.4　LogicOperationTest.java

4.5　赋值操作符

赋值操作符有两种：一种是普通的赋值操作符 "＝"；另一种是带有算术操作符的赋值

操作符，如 + = 、- = 等。

"="的作用是将一个数据赋值给一个变量。例如"a = 10"的作用就是把 10 赋给变量 a。由赋值操作符把一个变量与一个表达式连接起来的表达式称为赋值表达式，它的一般形式为：<变量> = <表达式>，其作用是将赋值操作符右边的表达式值赋给左边的变量。例如：x = 5，y = 3，z = x + y。

赋值表达式中的表达式又可以是一个赋值表达式，这就是所谓的多重赋值表达式。例如：a =（x = 10）。

算数赋值操作符比较多，其用法和说明如表 4.4 所示。

表 4.4 赋值操作符

操作符	名称	用法	说明	所需操作数
+ =	加赋值	a+ = b	等同于 a = a + b	2
- =	减赋值	a- = b	等同于 a = a-b	2
* =	乘赋值	a* = b	等同于 a = a*b	2
/ =	除赋值	a/ = b	等同于 a = a/b	2
% =	取余赋值	a% = b	等同于 a = a%b	2

注：上表只列出了较为基本的算术赋值操作符，这样的操作符还有很多，请读者参见相关书籍。

例程 4.5 通过键盘动态输入两个数，并将所输入的两个数赋值到对应的两个变量中，然后测试复合赋值运算。

```java
public class AssignmentOperatorsTest {

    public static void main(String[] args) {

        Scanner input=new Scanner(System.in);
        System.out.println("请输入两个运算的数：");
        int a=input.nextInt();
        int b=input.nextInt();
        a+=b;
        System.out.println("a+=b的值是："+a);
    }
}
```

例程 4.5 AssignmentOperatorsTest.java

4.6 条件操作符

条件操作符的作用是根据表达式的真假来决定变量的值，是 if-else 的简略写法。其一般形式为：expression?satement1:satement2。expression 返回的是布尔类型的表达式，若值为 true，则这个语句返回 satement1，否则返回 satement2。例程 4.6 就是三目运算符的应用实例。

```java
public class TernaryOperatorsTest {

    public static void main(String[] args) {

        int a=8;
        int b=9;
        int c=a>b?a:b;
        System.out.println(c);
        String m=b<a?"真":"假";
    }
}
```

例程 4.6　TernaryOperatorsTest.java

4.7　字符串的"+"操作

"+"操作符可以把字符串并置起来，如果一个操作数不是字符串，在并置之前会把它转换成字符串。另外，"+＝"操作符指把两个字符串并置的结果放到第一个字符串里面，当用户想把几项打印在同一行时就使用这个操作符。

例程 4.7 通过"+"来连接两个或多个字符串。

```java
public class StringConnect{

    public static void main(String[] args) {
        String a="中"+"国";
        System.out.println(a);
        System.out.println("中"+a);
        String b=3+"好";
        System.out.println(b);
        String c="1"+"2";
        System.out.println(c);
    }
}
```

例程 4.7　StringConnect.java

4.8　"=="操作符

"=="用来比较对象的引用，也就是说，它只在乎两个对象是不是指向同一块内存，如果是的话，就返回 true，否则即使两个对象的值相等，它也返回 false。

4.8.1　基本数据类型的"=="操作符

基本类型中的"=="就是对值进行比较。如：

```
int i = 200;
int j = 200;
System.out.println(i==j);// 打印 true
```

4.8.2　引用数据类型的"=="操作符

当"=="操作符作用在引用类型的变量时，比较的是两个引用变量本身的值，而不是它们所引用对象的值；"=="用于比较引用类型变量时，两边的变量被显式声明的类型必须是同种类型或有继承关系。

4.8.3　equals（）方法

equals（）的默认行为也是比较引用，在 JDK 中有一些类覆盖了 Object 类的 equal（）方法，其比较规则为：如果两个对象的类型一致，并且内容一致，则返回 true。这些类包括：java.io.File、java.util.Date、java.lang.String、包装类（如 java.lang.Integer 和 java.lang.Double 类等）。Object 类的 equals（）方法的比较规则为：当参数 obj 引用的对象与当前对象为同一个对象时，就返回 true，否则返回 false。即 equals（）方法比较的是引用变量所引用的对象的值。

想对比两个对象的实际内容是否相同，必须使用所有对象都适用的特殊方法 equals（）。equals（）方法不适用于"主类型"，这些类型直接使用==和！= 即可。大多数 Java 类库提供的类都实现了 equals（），因此它们实际比较的是对象的内容。

4.9　instanceof 操作符

instanceof 操作符用于判定一个对象是否属于某个类的实例。它的一般形式为：a instanceof b，a 是一个对象的名称，b 是一个类的名称。例程 4.8 展示了该操作符的用法。

```
public interface IObject { }
class Foo implements IObject{ }
class Test extends Foo{ }
class MultiStateTest {
    public static void main(String args[]){
            IObject f=new Test();
            if(f instanceof java.lang.Object)
                System.out.println("true");
            if(f instanceof Foo)
                System.out.println("true");
            if(f instanceof Test)
                System.out.println("true");
            if(f instanceof IObject)
                System.out.println("true");
    }
}
```

例程 4.8   Iobject.java

另外，数组类型也可以使用 instanceof 来比较，如：

```
String str[] = new String[2];
```

则 str instanceof String[]将返回 true。

4.10　变量的赋值和类型转换

"＝"操作符是使用最为频繁的二元操作符，它能够把右边的操作元赋值给左边的操作元，并且以右边操作元的值作为运算结果。

同种类型的变量之间可以直接赋值，一个数可以直接赋值给其同类型的变量，不需要进行类型转换。

当在不同类型的变量之间赋值时，或者将一个数赋值给与它不同类型的变量时，需要进行类型转换。

类型转换可以分为自动类型转换和强制类型转换两种。在进行自动或强制类型转换时，被转换的变量本身没有发生任何变化。

（1）自动类型转换：自动转换是指运行时，Java 虚拟机自动把一种类型转换成另一种类型。表达式中不同类型的数据先自动转换为同一类型，然后再进行计算。自动转换总是从低位类型到高位类型（低位类型是指取值范围小的类型，高位类型是指取值范围大的类型）。规则如下：

```
（byte、char、short、int、long 或 float）op double -> double
```

```
（byte、char、short、int 或 long）op float -> float
（byte、char 或 short）op（byte、char 或 short）-> int
```

注：箭头左边表示参数与运算的数据类型，op 为操作符（如"+"、"-"、"*"、"/"等），箭头右边表示自动转换成的数据类型。

当表达式中存在 double 类型的操作元时，要把所有的操作元自动转换为 double 类型，其表达式的值为 double 类型。

byte、short 和 char 类型的数据在形如"x++"这样的一元运算中不自动转换类型。

在进行赋值运算时，也会进行低位到高位的自动类型转换。赋值运算的自动类型规则如下：

```
byte -> short -> int -> long -> float -> double
```

以上规则表明 byte 可以转换成 char、short、int、long、float 和 double 类型。short 可以转换成 int、long、float 和 double 类型。

（2）强制类型转换：强制类型转换是指在程序中显式地进行类型转换。把高位类型赋值给低位类型时就必须进行强制类型转换。

short 和 char 类型的二进制的位数都是 16，但 short 类型的范围是 $-2^{15} \sim 2^{15}-1$，char 类型的范围是 $0 \sim 2^{16}-1$，由于两者的取值范围不一致，在 short 变量和 char 变量之间的赋值总需要强制类型转换。如果把 char 类型直接数赋给 short 类型变量，或者把 short 类型直接数赋值给 char 类型变量，那么只要直接数在变量的所属类型的取值范围内，就允许自动类型转换，否则需要强制类型转换。

注意：强制类型转换有可能会导致数据溢出或精度下降，应当尽量避免使用。

```
int a = 256;
byte y =（byte）a;        //数据溢出，变量 y 的值为 0（精度丢失）
```

在引用类型的变量之间赋值时，子类给直接或间接父类赋值时，会自动进行类型转换。父类给直接或间接子类赋值则需要强制类型转换。

对于引用类型变量，Java 编译器只根据变量被显式声明的类型去编译。在引用类型变量之间赋值时，"="操作符两边的变量被显式声明的类型必须是同种类型或有继承关系，即位于继承树的同一个分支上，否则会编译出错。在运行时，Java 虚拟机将根据引用变量实际引用的对象进行类型转换。

第 5 章　流程控制

在 Java 中，语句按功能可分为两类：一类是用来描述计算机执行的操作运算，即操作运算语句；还有一类是用来控制操作运算语句的执行顺序，即流程控制语句。

流程控制语句是结构化程序设计的关键，控制流是程序根据数据状态决定执行流程的一种方法。也就是说，控制语句用于改变或打破程序中语句的执行顺序。

Java 中流程控制语句有 if 语句、if-else 语句、switch 语句、while 语句、do-while 语句、for 语句等。

5.1　分支语句

什么是分支语句？在前面所举的例程中，其程序结构是线性的。所谓线性就是指程序中的语句一条接着一条地执行下去，直到整个程序执行完。这种程序结构只能满足小的简单的程序设计，但对于复杂、比较大的程序设计来说，只有线性结构是不够的。在复杂的程序设计中，需要根据条件来判断决定执行哪一部分语句，这样的结构就称为分支结构或选择结构，相应做判断的语句就是分支语句或选择语句。

在 Java 中，分支语句包括 if 语句、if-else 语句、switch 语句。

5.1.1　if 语句

在 Java 中，if 语句有两种类型、三种形式。

1. 两种类型

if 和 if-else。if 语句只有在条件为真的时候才执行 if 语句后面的语句。if-else 在条件为真的时候执行 if 后面的语句，在条件为假时才执行 else 后面的语句。

2. 三种形式

（1）单分支，if 语句。

if（判别表达式）

{程序块}

程序语句

在这种形式中，判别表达式的值必须是 boolean 类型，当判别表达式的值为 true 时，就执行花括号里面的程序块，当判别表达式的值为 false 时，程序就执行花括号后面的程序语句。

例如：

```
int a = 1;
int b = 2;
if (a<b) {
System.out.println ( "a < b" ) ;
}
System.out.println ( "a >= b" ) ;
```

（2）双分支，if-else。

```
if ( 判别表达式 )
{程序块}
else
{程序块}
```

在这种形式中，当判别表达式的值为 true 时，执行 if 后面花括号里的程序块，当判别表达式的值为 false 时，执行 else 后面花括号里面的程序块。例如：

```
int a = 1;
int b = 2;
if ( a<b ) {
System.out.println ( "a < b" ) ;
}else{
System.out.println ( "a >= b" ) ;
}
```

（3）多分支，if-else if。

```
if ( 判别表达式 1 )
{程序块 1}
else if ( 判别表达式 2 )
{程序块 2}
else if ( 判别表达式 3 )
{程序块 3}
············
else if ( 判别表达式 x )
{程序块 x}
{else 程序块 x + 1}
```

在这种形式中，有一个特点就是：在多个分支中只执行一个程序块，而其他程序语句块都不执行。在如上所示的结构中，当判别表达式 i（i = 1、2、3…x）为 true 时，则执行程序块 i；当所有的判别表达式的值都为 false 时，就执行程序块 x + 1，然后结束整个 if 语句。这种结构比较适合用于有多种判断结果的分支中。如例程 5.1 所示。

```java
class Test {

    public static void main (String args[]) {

    if (args.length == 0) {
      System.out.println("Hello whoever you are");
    }
    else if (args.length == 1) {
      System.out.println("Hello " + args[0]);
    }
    else if (args.length == 2) {
      System.out.println("Hello " + args[0] + " " + args[1]);
    }
    else if (args.length == 3) {
      System.out.println("Hello " + args[0] + " " + args[1]
                                        + " " + args[2]);
    }
    else if (args.length == 4) {
      System.out.println("Hello " + args[0] +
        " " + args[1] + " "+args[2] + " " + args[3]);
    }
  }
}
```

例程 5.1　Test.java

5.1.2　switch 语句

　　switch 语句也称为开关语句，是一种多分支结构语句。它根据判别表达式或变量的结果从而跳转到不同语句块执行。程序中可以有也可以没有 break 语句，程序将从符合判别表达式的判断值开始执行，直到遇到 break 语句（若有 break 语句）或者整个 switch 结束。switch 的一般语法形式如下：

switch（判别表达式）

{

case 判断值 1：语句 1　break;

case 判断值 2：语句 2　break;

case 判断值 3：语句 3　break;

…………

```
case 判断值 n：语句 n  break;
default：语句 n＋1;
}
```

在 switch 语句中，判别表达式值类型必须是 char、byte、short 或 int 中的一种，不能是其他数据类型。break 语句的作用是中断 switch 语句，跳到 switch 语句花括号外面的下一条语句。每个 case 后的常量必须互不相同。如例程 5.2 所示。

```java
public class Test {

    public static void main(String[] args) {

        int k = 5;
        String str = k +"的汉字形式是：  ";
        switch(k){
        case 1:
            str +="一";
            break;
        case 2:
            str +="二";
            break;
        case 3:
            str +="三";
            break;
        case 4:
            str +="四";
            break;
        case 5:
            str +="五";
            break;
        default:
            System.out.println("什么也没有定义。");
            break;
        }
        System.out.println(str);
    }
}
```

例程 5.2 Test.java

5.2　循环语句

循环语句：重复不断地执行同一程序块直到满足条件。反复执行的程序块称为循环体。循环语句有：while 语句、do-while 语句、for 语句。

5.2.1　while 语句

while 语句是一种先判断的循环结构，其一般形式为：

```
while（判别表达式）
{循环体}
```

在 while 语句中，判别表达式的值必须为 boolean 类型。如果值为 true 就执行循环体，然后返回判别表达式准备再一次判断，如此反复，直到判别表达式的值为 false 时跳出 while 循环。while 循环流程如图 5.1 所示。

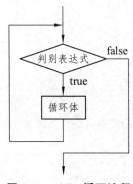

图 5.1　while 循环流程

例程 5.3 将 n 做 10 次循环，每次循环减 1，并记录每次循环 n 的值。

```java
public class WhileTest {
    public static void main(String[] args) {
        int n = 10;
        int i = 0;
        while(n>0){
            i ++;
            System.out.println("第"+i+" 次循环"+" n 的值为  "+n);
            n --;
        }
    }
}
```

例程 5.3　WhileTest.java

5.2.2　do–while 语句

虽然 do-while 与 while 的用法类似，但是 do-while 语句是后判断循环结构，其一般形式为：

do

{循环体}

while（判别表达式）

do-while 循环语句执行顺序为：先执行一次循环体，再去判断 while 语句中判别表达式的值，如果为 true 则又执行一次循环体，然后再判断判别表达式的值是否为 true，当判别表达式的值为 false 时就跳出 do-while 循环。一个明显特点是：无论判别表达式的值为 true 还是 false，循环体至少都会被执行一次，这是其他循环语句所不能实现的。do-while 循环流程图如图 5.2 所示。

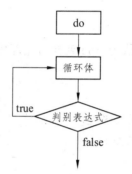

图 5.2　do–while 流程图

例程 5.4 利用 do-while 求和。

```java
public class DoWhileTest {

    public static void main(String[] args) {
        int limit = 20;
        int sum = 0;
        int i = 1;
        do {
            sum += i;
            i++;
        } while (i <= limit);
        System.out.println("sum = " + sum);
    }
}
```

例程 5.4　DoWhileTest.java

5.2.3　for 语句

在 Java 中，for 语句是最为灵活的循环语句，完全可以代替 while 语句。它不仅可以用于循环次数确定的循环，还可以用于循环次数不确定的循环。一般形式为：

for（初始化表达式；判别表达式；循环过程表达式）

｛循环体｝

程序语句

在 for 循环中，判别表达式必须是 boolean 类型，可以用逻辑运算符组成较为复杂的判断表达式。循环过程表达式一般用于改变循环条件，它可以对循环变量和其他变量进行操作。for 循环还有一种特殊的形式：for（；；），它表示无限循环。

for 循环执行过程可以表述如下：

（1）求出初始化表达式的值；

（2）求判别表达式的值，若其值为 true 就执行循环体，然后执行第（3）步。若为 false 则直接跳出循环，执行（5）；

（3）求循环过程表达式；

（4）转到上面的第（2）步，继续执行；

（5）循环结束，执行 for 循环后面的语句。

for 循环流程图如图 5.3 所示。

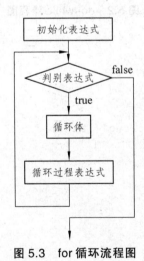

图 5.3　for 循环流程图

例程 5.5 利用 for 循环计算从 1 加到 100 的结果。

```java
public class forDemo {

    public static void main(String[] args) {
```

```java
    int sum = 0;
    for(int i= 0;i<=100;i++){
        sum = sum +i;
    }
    System.out.println("从1加到100的结果是"+sum);
  }
}
```

例程 5.5　forDemo.java

5.3　流程跳转语句

跳转语句的作用是让程序的执行从某一点跳到另一点。这样的跳转并不是任意的，而是有条件的。在 Java 中，跳转语句主要有 break 和 continue。

（1）break 语句。break 语句的功能在 Java 中得以扩展，形成了两种形式：一种是带标签的；另一种是不带标签的。break 语句的功能就是强制性退出循环，不执行循环体内剩余的语句。

break 语句两种形式的一般形式如下：

```java
break;
break label;//label 为标签名
```

带标签的 break 语句表示跳出标签所描述的循环体，而不带标签的 break 语句表示跳出它所在的那一层循环。例程 5.6 展示了 break 的用法。

```java
public class BreakTest {

    public static void main(String[] args) {

        int sum = 0;
        for(int i= 0;i<=10;i++){
            sum = sum +i;
            if(sum ==21){
                System.out.println("sum 等于201了，我要跳出for循环了。");
                break;
            }
        }

        System.out.println("我就这样跳了出来。");
        System.out.println("从1加到100的结果是"+sum);
```

```
    }
}
```

例程 5.6   BreakTest.java

（2）continue 语句。continue 不能用于 switch 语句中，continue 语句也有带标签的和不带标签两种形式，其一般形式如下：

```
continue;

continue label;
```

不带标签的 continue 语句表示停止当前循环结构中的本次循环，直接进行下一次循环。带标签的 continue 语句则是把程序执行直接跳转到标签所描述的那个循环结构中的下一次循环。

break 语句与 continue 语句的区别：break 语句是彻底退出循环，continue 语句则是停止当前这一次循环进入下一次循环。例程 5.7 展示了 continue 的用法。

```java
public class ContinueDemo {

    public static void main(String[] args) {

        for(int i = 1;i<51;i++){
            System.out.print(i+"   ");
            if(i%5 !=0){
                continue;
            }else{
                System.out.println();
            }
        }
    }
}
```

例程 5.7   ContinueDemo.java

（3）return 语句。

return 表示从被调函数返回到主调函数继续执行，返回时可附带一个返回值，由 return 后面的参数指定。return 通常是必要的，因为函数调用时计算结果通常是通过返回值带出的。即使函数执行不需要返回计算结果，也经常需要返回一个状态码来表示函数执行成功与否（ -1 和 0 就是最常用的状态码），主调函数可以通过返回值来判断被调函数的执行情况。

```java
public class ReturnDemo {

    public static void main(String[] args) {

        for(int i = 0;i<10;i++){
            if(i<5){
                System.out.println("第 "+i+" 次循环");
            }else if(i == 5){
```

```java
        return ;
        //下面的语句永远不会被执行
        //  System.out.println("这句话永远不会被执行");
    }else {
        System.out.println("第 "+i+" 次循环");
    }
  }
 }
}
```

例程 5.8　ReturnDemo.java

第 6 章　类和对象

6.1　题　目

　　本章做一个简单的控制台程序，用于模仿游戏"植物大战僵尸"。规则是：假设舞台上只有一种植物和一个僵尸。植物每隔一定的时间向僵尸发射子弹，每一颗子弹都有伤害值，僵尸每被子弹击中一次，生命值就减少，减少的值为植物子弹的伤害值；僵尸咬植物，僵尸每一次咬都有伤害值，植物每被僵尸咬一口，植物的生命值就减少，减少的值为僵尸的伤害值；植物或者僵尸，只要一方的生命值为 0，游戏就结束。程序在控制台打印相应信息，用以表明游戏进度。

6.2　分　类

　　在进行分类以前，首先考虑一下客户怎么使用该系统，一种比较好的做法是在这个模拟系统中，假设客户就是主函数 main。如例程 6.1 所示。

```
 1  public class Client
 2  {
 3      public static void main(String[] args)
 4      {
 5          Vegetation pea=   new Vegetation(20,100);
 6          Zombie     xiao= new Zombie(25,100);
 7          Game       game=  new Game(pea,xiao);
 8
 9          game.start();
10      }
11  }
```

例程 6.1　Client.java

　　通过分析以上例程，可得知系统至少需要三种数据类型：

　　（1）Vegetation：用来描述植物。Java 提供给程序员使用的只有基本数据类型，没有提供一个叫做 Vegetation 的数据类型，此时程序员必须自己构建一个 Vegetation 数据类型。在 Java 中，自定义一个引用数据类型，就是以该数据类型命名一个类，如例程 6.2 所示。

```
1  public class Vegetation
2  {
3⊖     public Vegetation(int hurtValue, int healthValue)
4      {
5      }
6  }
```

例程 6.2　Vegetation.java

在例程 6.2 中，创建了一个名为 Vegetation 的类，于是有了一种称为 Vegetation 的数据类型。例程 6.1 的第 5 行是创建一个类型为 Vegetation 的对象的引用，赋值符号（ = ）的右边"**new** Vegetation（ 20,100);"创建一个 Vegetation 对象。然后把这个对象的引用赋值给引用变量 pea。于是，就可以通过这个引用变量访问创建的 Vegetation 对象。

"**new** Vegetation（ 20,100);"调用了类型 Vegetation 的构造函数，构造函数在类 Vegetation 中定义，构造函数的作用是构建对象并为对象的成员赋初值。例程 6.2 作为一个简单示例，只是给出了该函数的签名，后面会看到详细代码。

（2）Zombie：用来描述僵尸。与类型 Vegetation 一样，由于 Java 并没有提供一个名为 Zombie 的数据类型，因此必须由用户（程序员）自己定义，定义一个用户自定义数据类型的方法见例程 6.2。

（3）Game：用来描述本次游戏，它封装了 Vegetation 和 Zombie 对象。

6.3　属性和行为

一个类可以描述一个用户需要的数据类型，或者一个概念。一个类型的对象应该具有属性（指数据成员、成员变量等）和行为（指成员函数等）。通过对题目分析，知道本系统需要三种数据类型。上一小节只是简单定义了三种数据类型，但是这三种类型还不具备任何属性和行为，本节继续考虑这些类型的对象应该具备怎样的属性和行为。

6.3.1　属　性

（1）对于 Vegetation（植物）而言，通过其构造函数，可以看出它应该具备两个属性，一个用来表示 Vegetation（植物）对象的生命值，另外一个用来表示 Vegetation（植物）对象的伤害值（为了简单起见，此处免去了对子弹类型的描述），如例程 6.3 所示。

```
1  public class Vegetation
2  {
3      private int hurtValue;
4      private int healthValue;
5⊖     public Vegetation(int hurtValue, int healthValue)
6      {
7          this.hurtValue=hurtValue;
8          this.healthValue=healthValue;
9      }
10 }
```

例程 6.3　Vegetation.java

　　例程 6.3 在例程 6.2 的基础上，增加了类型 Vegetation（植物）的两个属性 hurtValue、healthValue，分别用来描述 Vegetation 对象的伤害值和生命值，另在构造函数中，分别为 Vegetation 对象的属性赋值。赋值符号右边的变量是参数，左边的变量是类的属性。类的属性名和构造函数的参数名不必相同。在这里，为了区分属性和构造函数参数，使用了关键字 this。this 用来指代当前所构造对象，如例程 6.3 中 7、8 行的 this 指代的是在例程 6.1 中的 pea 所指的对象。在例程 6.3 中，我们发现了两个陌生的关键字 private 和 public。

　　private：私有的。用 private 修饰的属性或者行为，在该类以外不能访问，只能在类的内部访问。若想在类 Client 里面通过 pea 去访问所指对象的 hurtValue 或者 healthValue 属性（pea.hurtValue 或者 pea. healthValue），程序会报错。属性一般用 private 进行修饰。

　　public：公有的。用 public 修饰的属性或者行为，在该类的内部和外部都可以访问。一般而言，类的属性或者行为，尽量私有。

　　（2）类型 Zombie（僵尸）的属性与 Vegetation（植物）类似，如例程 6.4 所示。

```
1  public class Zombie
2  {
3      private int hurtValue;
4      private int healthValue;
5      public Zombie(int hurtValue, int healthValue)
6      {
7          this.hurtValue=hurtValue;
8          this.healthValue=healthValue;
9      }
10 }
```

例程 6.4　Zombie.java

　　（3）对于 Game 而言，通过如例程 6.1 所示的构造函数，可以看出 Game 对象有两个属性：一个用来描述 Vegetation（植物）；一个用来描述 Zombie（僵尸）。如例程 6.5 所示。

```
1  public class Game
2  {
3      private Vegetation veg;
4      private Zombie     zom;
5      public Game(Vegetation pea, Zombie xiao)
6      {
7          veg=pea;
8          zom=xiao;
9      }
10 }
```

例程 6.5　Game.java

6.3.2　行　为

　　对象应该具备属性和行为，上一小节讨论了本系统所涉及的三个对象应该持有的最少属性。本节将继续讨论这些对象应该具有怎样的行为。

　　（1）Vegetation（植物）。通过分析题目描述，知道 Vegetation（植物）类的对象应该具有攻击 Zombie（僵尸）对象的行为，同时，Vegetation（植物）在受到 Zombie（僵尸）攻击以后，Vegetation（植物）应该有降低生命值的行为。如例程 6.6 所示。

```java
 1  public class Vegetation
 2  {
 3      private int hurtValue;
 4      private int healthValue;
 5      public  boolean isDie=false;
 6      public Vegetation(int hurtValue, int healthValue)
 7      {
 8          this.hurtValue=hurtValue;
 9          this.healthValue=healthValue;
10      }
11      public void attack(Zombie zom)
12      {
13          System.out.println("植物攻击了僵尸");
14          zom.reduceHealthValue(this.hurtValue);
15      }
16      public void reduceHealthValue(int n)
17      {
18          if(this.healthValue==0 || healthValue-n<=0)
19          {
20              isDie=true;
21              System.out.println("植物死亡！");
22              return;
23          }
24          healthValue=healthValue-n;
25          System.out.println("植物被僵尸攻击，生命值减少："+n);
26      }
27  }
```

例程 6.6　Vegetation.java

在例程 6.6 中，为 Vegetation（植物）对象增加了一个属性 isDie 用来判断植物对象是否死亡，其初始状态，在第 5 行被赋值为 false，表示植物没有死亡；在第 20 行的时候，由于植物的生命值降到 0，因此将属性 isDie 设置为 true，表示植物死亡。

在例程 6.6 中，总共有三个行为，第 6 行到第 10 行为 Vegetation（植物）类的构造方法，该方法在生产 Vegetation（植物）类的对象时被调用，作用是为 Vegetation（植物）类的属性赋初值。构造方法的方法名与相应类名相同，无返回值。

第 11 行到第 15 行，是 Vegetation（植物）类的第二个行为。第 11 行的 public 为访问修饰符，表示该方法在该类以外的其他地方也可以被访问。void 为返回值类型。attack 为方法的名字，其作用如同变量的名字一样，即程序的其他地方可以通过名字访问到相应方法。attack 后面用小括号括起来的是方法的参数，需要外部输入。就本例而言，Vegetation（植物）对象的 attack 行为的对象是 Zombie（僵尸），因此需要一个 Zombie（僵尸）对象作为该方法的参数。第 12 行到第 15 行用花括号括起的部分是方法的具体实现，本例就是在控制台打印一条提示语句，然后降低被攻击 Zombie（僵尸）对象的生命值，而减少的数量由 Vegetation（植物）对象的伤害值决定。第 14 行，称为方法调用，下面会详细描述。

第 16 到第 26 行，是 Vegetation（植物）类的第三个行为，该方法是 public 的，在 Vegetation（植物）类以外的地方也可以被访问；该方法返回值为 void 类型；该方法名称为 reduceHealthValue；该方法需要一个整型数作为参数，用以表示 Vegetation（植物）对象每被

Zombie（僵尸）对象攻击一次生命值减少的值。

（2）Zombie（僵尸）类的行为与 Vegetation（植物）类的行为类似，此处不再赘述。

（3）Game，该类对象封装了整个游戏流程，由例程 6.1 可以看出，除了构造方法以外，该类还应有一个叫做 start 的方法，作为一个简单的示例程序，如例程 6.7 所示。

```
10    public void start()
11    {
12        while(!veg.isDie && !zom.isDie)
13        {
14            veg.attack(zom);
15            try
16            {
17                Thread.sleep(1000);
18            }
19            catch (InterruptedException e)
20            {
21                e.printStackTrace();
22            }
23            zom.attack(veg);
24        }
25    }
```

例程 6.7

通过以上例程，可以看到 Java 编程语言采用了以下格式定义一个方法（行为）：

`<modifiers> <return_type> <name> ( [<argument_list>] )[throws <exception>]`
`{<block>}`

其中，<name>表示方法的名字，可以是任何合法标识符，如 reduceHealthValue。

<return_type>表示方法返回值的类型。如果方法无返回值，必须声明为 void。Java 技术对返回值要求很严格，例如，如果声明某方法返回一个 int 值，那么方法必须从所有可能的返回路径中返回一个 int 值。

<modifiers>段能承载许多不同的修饰符，包括公共的、受保护的，以及私有的。公共访问修饰符表示方法可供任何其他代码调用。私有表示方法只可以由该类中的其他方法来调用。

<argument_list>允许将参数值传递到方法中。列举的元素由逗号分开，而每一个元素包含一个类型和一个标识符。

throws <exception>子句导致一个运行时错误（异常）被报告到调用的方法中，以便以合适的方式处理它。非正常的情况在<exception>中有规定。关于异常将在第 13 章做详细介绍。

<block>表示方法体，是方法的具体执行逻辑，例程 6.7 的第 11 行到 25 行就是方法 start 的方法体。

6.4 类和对象简介

6.4.1 抽象数据类型

若数据类型由数据项组成，则可以定义许多程序段或方法在该类型数据上专门运行。

就像程序语言在定义一个基本类型时，同时也定义了许多运算方法（如加法、减法、乘法和除法）。

有些程序语言，包括 Java，允许在数据类型的声明和操作该类型变量的代码的声明之间有紧密联系。这种联系通常被称为抽象数据类型。

6.4.2　类和对象

在 Java 编程语言中，抽象数据类型概念被认为是 class。类给对象的特殊类型提供定义。它规定对象内部的数据，以及对象在其自己的数据上运行的功能。因此类就是一块模板，对象是在其类模块上建立起来的，如同根据建筑图纸来建楼。同样的图纸可用来建许多楼房，而每栋楼房是它自己的一个对象。

类定义了对象是什么，但它本身并不是一个对象。在程序中只能有类定义的一个副本，但可以有几个对象作为该类的实例。Java 编程语言中使用 new 运算符实例化一个对象，如例程 6.1 所示。

在类中定义的数据类型用途不大，除非有目的地使用它们。方法定义了可以在对象上进行的操作，换言之，方法定义了类用来干什么。方法也就是前面所说的行为。数据（属性）和代码（行为、方法）可以封装在一个单个实体中，这就是面向对象语言的一个基本特征。

6.4.3　this

关键字 this 是用来指向当前对象或类实例的，如例程 6.6 所示的 this.healthValue 指的是当前对象的 healthValue，Java 编程语言自动将所有实例变量和方法引用与 this 关键字联系在一起，因此，常常不使用 this 关键字。

6.4.4　封　装

封装通常指的就是数据隐藏。它将类的外部界面与类的实现区分开来，隐藏实现细节，从而迫使用户去使用外部界面。即使实现细节改变，还可通过界面承担其功能而保留原样，确保调用它的代码还能够继续工作，这就使代码维护更简单。

6.4.5　构造函数

一个新对象的初始化的最终步骤是去调用一个称为构造函数的方法。构造函数由下面两个规则所确认：

（1）方法名称必须与类名称完全匹配。

（2）对于方法，不要声明返回类型。

如例程 6.6 所示，类 Vegetation 的构造函数的函数名也叫 Vegetation，并且没有返回值。一个类可以有多个构造函数，每个构造函数的函数名都与类名相同，并且没有返回值，各个函数的参数列表不一样（参数的类型或个数不一样）。每个类至少有一个构造函数。若不写一个构造函数，Java 编程语言将提供一个构造函数，该函数没有参数，而且函数体为空，这个构造函数称为默认构造函数。

6.4.6 访问权限修饰符

Java 中的访问权限修饰符有：public、protected、default、private，其中 default 修饰符并没有显式声明，若在成员变量和方法前什么修饰符也不加，默认的就是 default。

（1）访问权限修饰符修饰成员变量和方法。

public：表明该成员变量和方法是公有的，能在任何情况下被访问。

protected：必须在同一包中才能被访问。

default：在这种情况下，同 protected。

private：只能在本类中访问。

（2）访问权限修饰符修饰类。

不能用 protected 和 private 修饰类，用 default 修饰的类叫友好类，当在另外一个类中使用友好类创建对象时，要保证它们同属一个包。

（3）访问权限修饰符与继承。

注意这里的访问权限修饰符指的是修饰成员变量和方法。可以分为两种情况：若子类与父类在同一包中，此时只有声明为 private 的变量与方法不能被继承（访问）；若子类与父类不在同一包中，此时 private 与 default 均不能被继承（访问），而 protected 与 public 可以。

第 7 章 继 承

继承是面向对象编程技术的一块基石，通过继承能创建分等级层次的类。运用继承，程序员能够创建一个通用类，它定义了一系列相关项目的一般特性。该类可以被更具体的类继承，每个具体的类增加一些自己特有的东西。在 Java 术语学中，被继承的类叫超类（superclass），继承超类的类叫子类（subclass）。因此，子类是超类的一个专门用途的版本，它除了继承超类所定义的所有实例变量和方法外，还为自己增添了独特元素。

7.1 继承的语法

继承一个类，要用 extends 把一个类的定义合并到另一个类中。为了便于大家理解继承，先从简短的程序开始。例程 7.1 创建了一个超类 A 和一个子类 B。

```java
class A {
  int i, j;
  void showij() {
    System.out.println("i and j: " + i + " " + j);
  }
}
class B extends A {
  int k;
  void showk() {
      System.out.println("k: " + k);
  }
  void sum() {
      System.out.println("i+j+k: " + (i+j+k));
  }
}
public class SimpleInheritance {

  public static void main(String args[]) {

    A superOb = new A();
```

```
B subOb = new B();
superOb.i = 10;
superOb.j = 20;
System.out.println("Contents of superOb: ");
superOb.showij();
System.out.println();
subOb.i = 7;
subOb.j = 8;
subOb.k = 9;
System.out.println("Contents of subOb: ");
subOb.showij();
subOb.showk();
System.out.println();
System.out.println("Sum of i, j and k in subOb:");
subOb.sum();
    }
}
```

例程 7.1

如例程 7.1 所示，子类 B 包括其超类 A 中的所有成员。这是为什么 subOb 可以获取 i 和 j 以及调用 showij（）方法的原因。同样，在 sum（）内部，i 和 j 可以被直接引用，就像它们是 B 的一部分。

尽管 A 是 B 的超类，但它本身也是一个完全独立的类。另外，一个子类可以是另一个类的超类。

声明一个继承超类的类的通常语法形式如下：

```
class subclass-name extends superclass-name {
 // body of class

}
```

只能给所创建的每个子类定义一个超类，原因在于 Java 不支持多超类的继承（这与 C++ 不同，在 C++中可以继承多个基础类）。可以按照规定创建一个继承的层次，在该层次中，一个子类成为另一个子类的超类。但是没有类可以成为它自己的超类。

7.2   成员的访问与继承

尽管子类包括超类的所有成员，但不能访问超类中被声明成 private 的成员，如例程 7.2 所示。

```
    class A {

  int i;
  private int j;
  void setij(int x, int y) {
    i = x;
    j = y;
  }
}
class B extends A {
  int total;
  void sum() {
    total = i + j;
  }
}
public class Access {

  public static void main(String args[]) {

    B subOb = new B();
    subOb.setij(10, 12);
    subOb.sum();
    System.out.println("Total is " + subOb.total);
  }
}
```

例程 7.2　Access.java

该程序不会通过编译，原因在于 B 中 sum（）方法内部对 j 的引用不合法。既然 j 被声明成 private，因此它只能被它自己类中的其他成员访问，子类无权访问它。总之，一个被定义成 private 的类成员为此类私有，它不能被该类外的所有代码访问，包括子类。

例程 7.3 有助于阐述继承的作用。有一个 Box 类，它包括三个属性：width、height、depth，分别表示一个盒子的宽度、高度、深度。类 BoxWeight 继承自类 Box，并新增了属性 weight，用于表示盒子的重量。

```
class Box {
  double width;
  double height;
  double depth;
  Box(Box ob) {
    width = ob.width;
```

```java
      height = ob.height;
      depth = ob.depth;
    }
  Box(double w, double h, double d) {
      width = w;
      height = h;
      depth = d;
    }
  Box() {
      width = -1;
      height = -1;
      depth = -1;
    }
  Box(double len) {
      width = height = depth = len;
    }
  double volume() {
      return width * height * depth;
    }
}
class BoxWeight extends Box {
  double weight;
  BoxWeight(double w, double h, double d, double m) {
      width = w;
      height = h;
      depth = d;
      weight = m;
    }
}
class DemoBoxWeight {

  public static void main(String args[]) {
    BoxWeight mybox1 = new BoxWeight(10, 20, 15, 34.3);
    BoxWeight mybox2 = new BoxWeight(2, 3, 4, 0.076);
    double vol;
    vol = mybox1.volume();
    System.out.println("Volume of mybox1 is " + vol);
    System.out.println("Weight of mybox1 is " + mybox1.weight);
    System.out.println();
```

```
    vol = mybox2.volume();
    System.out.println("Volume of mybox2 is " + vol);
    System.out.println("Weight of mybox2 is " + mybox2.weight);
  }
}
```

例程 7.3 DemoBoxWeight.java

BoxWeight 继承了 Box 的所有特征并为自己增添了一个 weight 成员。没有必要让 BoxWeight 重新创建 Box 中的所有特征以满足编程需要。

继承的一个主要优势在于一旦已经创建了一个超类，而该超类定义了适用于一组对象的属性，就可用它来创建任意数量的说明更多细节的子类。每一个子类能够正好制作它自己的分类，只需添加它自己独特的属性即可。例如，下面的类继承了 Box 并增加了一个颜色属性：

```
class ColorBox extends Box {
    int color;
    ColorBox(double w, double h, double d, int c) {
      width = w;
      height = h;
      depth = d;
      color = c;
    }
}
```

7.3   通过超类变量引用子类对象

超类的一个引用变量可以通过任何从该超类派生的子类的引用赋值，这是很有用的，如例程 7.4 所示。

```
public class RefDemo {

  public static void main(String args[]) {

    BoxWeight weightbox = new BoxWeight(3, 5, 7, 8.37);
    Box plainbox = new Box();
    double vol;
    vol = weightbox.volume();
    System.out.println("Volume of weightbox is " + vol);
    System.out.println("Weight of weightbox is " + weightbox.weight);
    System.out.println();
```

```
    plainbox = weightbox;
    vol = plainbox.volume();
    System.out.println("Volume of plainbox is " + vol);
    }

}
```

例程 7.4 RefDemo.java

这里，weightbox 是 BoxWeight 对象的一个引用，plainbox 是 Box 对象的一个引用。既然 BoxWeight 是 Box 的一个子类，允许用一个 weightbox 对象的引用给 plainbox 赋值。

Java 中引用变量的类型（而不是引用对象的类型）决定了什么成员可以被访问。也就是说，当一个子类对象的引用被赋给一个超类引用变量时，只能访问超类定义的对象的那一部分。这是为什么 plainbox 不能访问 weight 的原因，甚至是它引用一个 BoxWeight 对象也不行。仔细想一想，这是有道理的，因为超类不知道子类增加的属性。

7.4   super

在上面例程中，从 Box 派生的类并没有体现出它们是多么有效和强大。例如，BoxWeight 构造函数明确地初始化 Box（）的 width、height 和 depth 成员，这些重复代码在其超类中已经存在，这样做不但效率很低，而且意味着子类必须被同意具有访问这些成员的权力。然而，有时用户希望创建一个超类，该超类可以保持它自己的实现细节（也就是说，它保持私有的数据成员）。这种情况下，子类没有办法直接访问或初始化属于自身的这些变量。既然封装是面向对象的基本属性，Java 提供了该问题的解决方案是不值得奇怪的。任何时候一个子类需要引用其直接超类，可以用关键字 super 来实现。

super 有两种通用形式：第一种为调用超类的构造函数；第二种用来访问被子类的成员隐藏的超类成员。

7.4.1 使用 super 调用超类构造函数

子类可以调用超类中定义的构造函数方法，用 super 的如下语法形式：

super (parameter-list);

parameter-list 定义了超类中构造函数所用参数。super（）必须是子类构造函数中的第一条执行语句。以下是 BoxWeight（）的改进版本：

```
class BoxWeight extends Box {
    double weight;
    BoxWeight(double w, double h, double d, double m) {
        super(w, h, d);
        weight = m;
```

```
    }
}
```

这里，BoxWeight（）调用带 w、h 和 d 参数的 super（）方法。这使得 Box（）构造函数被调用，用 w、h 和 d 来初始化 width、height 和 depth。BoxWeight 不再自己初始化这些值，只需初始化它自己的特殊值：weight。这种方法使 Box 可以自由地根据需要把这些值声明成 private。

既然构造函数可以被重载，因此可以用超类定义的任何形式调用 super（），执行的构造函数将是与所传参数相匹配的那一个。例如，下面是 BoxWeight 一个完整的实现，BoxWeight 具有多个构造函数，因此要用适当的参数调用 super（）。注意 width、height 和 depth 在 Box 中是私有的。

```java
class BoxWeight extends Box {

    double weight;
    BoxWeight(BoxWeight ob) {
        super(ob);
        weight = ob.weight;
    }
    BoxWeight(double w, double h, double d, double m) {
        super(w, h, d);
        weight = m;
    }
    BoxWeight() {
        super();
        weight = -1;
    }
    BoxWeight(double len, double m) {
        super(len);
        weight = m;
    }
}
```

注意：super（）被一个 BoxWeight 类型而不是 Box 类型的对象调用，但仍然调用了构造函数 Box（Box ob）。前面已经提醒过，一个超类变量可以引用作为任何一个从它派生的对象。因此，我们可以传递一个 BosWeight 对象给 Box 构造函数，当然，Box 只知道它自己成员的信息。

7.4.2 使用 super 访问超类成员

super 除了总是引用它所在子类的超类外，它的行为还有点像 this。多用于超类成员名被子类中同样的成员名隐藏的情况，如例程 7.5 所示。这种用法有下面的通用形式：

```
super.member
```

这里，member 既可以是 1 个方法也可以是 1 个实例变量。

```java
class A {
  int i;
}
public class B extends A {
  int i;
  B(int a, int b) {
    super.i = a;
    i = b;
  }
  void show() {
    System.out.println("i in superclass: " + super.i);
    System.out.println("i in subclass: " + i);
  }
}
```

例程 7.5　B.java

尽管 B 中的实例变量 i 隐藏了 A 中的 i，但使用 super 就可以访问超类中定义的 i。同理，super 也可以用来调用超类中被子类隐藏的方法。

7.5　创建多级类层次

到目前为止，我们已经用到了只含有一个超类和一个子类的简单类层次结构。然而，我们可以建立包含任意多层继承的类层次。前面提到，用一个子类作为另一个类的超类是完全可以接受的。例如，给定三个类 A、B 和 C。C 是 B 的一个子类，而 B 又是 A 的一个子类。当这种类型的情形发生时，每个子类继承它的所有超类的属性。该例程 7.6 中，子类 BoxWeight 用作超类来创建一个名为 Shipment 的子类。Shipment 继承了 BoxWeight 和 Box 的所有特征，并且增加了一个名为 cost 的成员，该成员记录了运送一个小包的费用。

```java
class Box {
  private double width;
  private double height;
  private double depth;
  Box(Box ob) {
    width = ob.width;
    height = ob.height;
```

```
    depth = ob.depth;
  }
  Box(double w, double h, double d) {
    width = w;
    height = h;
    depth = d;
  }
  Box() {
    width = -1;
    height = -1;
    depth = -1;
  }
  Box(double len) {
    width = height = depth = len;
  }
  double volume() {
    return width * height * depth;
  }
}


class BoxWeight extends Box {
  double weight;
  BoxWeight(BoxWeight ob) {
    super(ob);
    weight = ob.weight;
  }
  BoxWeight(double w, double h, double d, double m) {
    super(w, h, d);
    weight = m;
  }
  BoxWeight() {
    super();
    weight = -1;
  }
  BoxWeight(double len, double m) {
    super(len);
    weight = m;
```

```java
    }
}
class Shipment extends BoxWeight {
  double cost;
  Shipment(Shipment ob) {
    super(ob);
    cost = ob.cost;
  }
  Shipment(double w, double h, double d, double m, double c) {
    super(w, h, d, m);
    cost = c;
  }
  Shipment() {
    super();
    cost = -1;
  }
  Shipment(double len, double m, double c) {
    super(len, m);
    cost = c;
  }
}
```

例程 7.6　Box.java

因为继承关系，Shipment 可以利用原先定义好的 Box、BoxWeight 类，仅为自己增加特殊用途的其他信息。这体现了继承的部分价值，允许代码重用。另外，还可以看到 super（ ）总是引用子类最接近的超类的构造函数。Shipment 中 super（ ）调用了 BoxWeight 的构造函数。BoxWeight 中的 super（ ）调用了 Box 中的构造函数。在类层次结构中，如果超类构造函数需要参数，那么不论子类本身需不需要参数，所有子类必须向上传递这些参数。

注意：在以上例程中，整个类层次，包括 Box、BoxWeight 和 Shipment，都在一个文件中显示，这仅仅根据简便程度而定。Java 中类可以被放置在它们自己的文件中且可以独立编译。实际上，在创建类层次结构时使用分离的文件是很常见的。

7.6　方法的重写和重载

类层次结构中，若子类中的一个方法与它超类中的方法有相同的方法名和类型声明，则称子类中的方法重写了超类中的方法。从子类中调用重载方法时，它总是引用子类定义的方法，而超类中定义的方法将被隐藏，如例程 7.7 所示。

```
class A {
  int i, j;
  A(int a, int b) {
    i = a;
    j = b;
  }
  void show() {
    System.out.println("i and j: " + i + " " + j);
  }
}
class B extends A {
  int k;
  B(int a, int b, int c) {
    super(a, b);
    k = c;
  }
  void show() {
    System.out.println("k: " + k);
  }
}


public class OverrideTest {
    public static void main(String args[]) {
      B subOb = new B(1, 2, 3);
      subOb.show();
    }
}
```

例程 7.7　OverrideTest.java

当一个 B 类的对象调用 show（）时，调用的是在 B 中定义的 show（）。也就是说，B 中的 show（）方法重写了 A 中声明的 show（）方法。

如果用户希望访问被重写的超类的方法，可以用 super。如下面的 B 的版本中，超类的 show（）方法将被调用。

```
class B extends A {
  int k;
  B(int a, int b, int c) {
    super(a, b);
    k = c;
```

```
    }
    void show() {
        super.show();
        System.out.println("k: " + k);
    }
}
```

方法重写仅在两个方法的名称和类型声明都相同时才发生。如果它们不同，这两个方法就是重载。例如，考虑例程 7.8，它修改了前面的例子：

```
    class A {

    int i, j;
    A(int a, int b) {
        i = a;
        j = b;
    }
    void show() {
        System.out.println("i and j: " + i + " " + j);
    }
}
class B extends A {
    int k;
    B(int a, int b, int c) {
        super(a, b);
        k = c;
    }
    void show(String msg) {
        System.out.println(msg + k);
    }
}
class OverrideTest {

    public static void main(String args[]) {
        B subOb = new B(1, 2, 3);
        subOb.show("This is k: ");
        subOb.show();
    }
}
```

例程 7.8   OverrideTest.java

B 中 show（）带有一个字符串参数，而 A 中 show（）没有带参数。这种现象称为方法的重载，而不是重写。

7.7 多 态

前面例程说明了方法重写机制，但并没有显示出它们的作用。实际上，如果方法重写只是一个名字空间的约定，那么它最多是有趣的，但是没有实际价值。然而，情况并不如此。方法重写构成了 Java 的一个最强大的概念基础：动态方法调度（dynamic method dispatch）。动态方法调度是一种在运行时而不是编译时调用重载方法的机制。动态方法调度也是 Java 实现运行时多态性的基础。

通过前面的学习，我们知道超类的引用变量可以引用子类对象。Java 用这一事实来解决在运行期间对重写方法的调用。过程如下：当一个重写方法通过超类引用被调用时，Java 根据当前被引用对象的类型来决定执行哪个版本方法。如果引用的对象类型不同，就会调用一个重写方法的不同版本。换句话说，是被引用对象的类型（而不是引用变量的类型）决定了执行哪个版本的重写方法。因此，如果超类包含一个被子类重写的方法，那么当通过超类引用变量引用不同对象类型时，就会执行该方法的不同版本。例程 7.9 阐述了动态方法的调度过程。

```java
class A {
  void callme() {
    System.out.println("Inside A's callme method");
  }
}
class B extends A {
  void callme() {
    System.out.println("Inside B's callme method");
  }
}
class C extends A {
  void callme() {
    System.out.println("Inside C's callme method");
  }
}
public class Dispatch {
  public static void main(String args[]) {
    A a = new A();
```

```
B b = new B();
C c = new C();
A r;
r = a;
r.callme();
r = b;
r.callme();
r = c;
r.callme();
    }
}
```

例程 7.9   Dispatch.java

程序创建了一个名为 A 的超类以及它的两个子类 B、C。子类 B、C 重写了 A 中定义的 callme（）方法。main（）主函数中，声明了 A、B 和 C 类的对象。而且，一个 A 类型的引用 r 也被声明。所执行的 callme（）版本由调用时引用对象的类型决定。

重写方法允许 Java 支持运行时多态性。多态性是面向对象编程的本质：它允许通用类指定方法，这些方法对该类的所有派生类都是公用的；同时该方法允许子类定义这些方法中的某些或全部的特殊实现。重写方法是 Java 实现它的多态性——"一个接口，多个方法"的另一种方式。

成功应用多态的关键是要理解超类和子类形成了一个从简单到复杂的类层次，超类提供了子类可以直接运用的所有元素。多态也定义了这些派生类必须自己实现的方法。这允许子类在加强一致接口的同时，灵活定义自己的方法。这样，通过继承和重写方法联合，超类可以定义供其所有子类使用的方法的通用形式。

多态是面向对象设计代码重用的一个最强大的机制。例程 7.10 是一个运用方法重写的更实际的例子。该程序创建了一个名为 Figure 的超类，它存储不同二维对象的大小，还定义了一个方法 area（），用来计算对象的面积。另外，从 Figure 派生了两个子类：第一个是 Rectangle；第二个是 Triangle。每个子类重写了 area（）方法，它们分别返回一个矩形和一个三角形的面积。

```
class Figure {
  double dim1;
  double dim2;
  Figure(double a, double b) {
    dim1 = a;
```

```
      dim2 = b;
  }
  double area() {
    System.out.println("Area for Figure is undefined.");
    return 0;
  }
}
class Rectangle extends Figure {
  Rectangle(double a, double b) {
    super(a, b);
  }
  double area() {
    System.out.println("Inside Area for Rectangle.");
    return dim1 * dim2;
  }
}
class Triangle extends Figure {
  Triangle(double a, double b) {
    super(a, b);
  }
  double area() {
    System.out.println("Inside Area for Triangle.");
    return dim1 * dim2 / 2;
  }
}
public class FindAreas {

  public static void main(String args[]) {

    Figure f = new Figure(10, 10);
    Rectangle r = new Rectangle(9, 5);
    Triangle t = new Triangle(10, 8);
    Figure figref;
    figref = r;
```

```
System.out.println("Area is " + figref.area());
figref = t;
System.out.println("Area is " + figref.area());
figref = f;
System.out.println("Area is " + figref.area());
  }
}
```

例程 7.10   FindAreas.java

通过继承和运行时多态的双重机制，可以定义一个被很多不同却相关的对象类型运用的一致接口。这种情况下，如果一个对象是从 Figure 派生，那么它的面积可以由调用 area（）来获得。无论用到哪种图形的类型，该操作的接口都是相同的。

第 8 章　抽象类、接口

8.1　抽象类、接口的概念和基本特征

8.1.1　抽象类

抽象类实际上也是一个类，与之前的普通类相比，抽象类中有抽象方法。所谓抽象方法就是指声明而未实现的方法，所有的抽象方法必须使用 abstract 关键字声明，包含抽象方法的类也必须使用 abstract class 声明。例程 8.1 是一个抽象类的定义：

```
1 abstract class A
2 {
3     public void fun()
4     {
5         System.out.println("Hello World!!!") ;
6     }
7     public abstract void print() ;
8 };
```

例程 8.1　A.java

可以发现抽象方法后面没有"{}"，则表示方法没有具体实现。如果对抽象类直接实例化，如例程 8.2 第 5 行所示，则会出现无法实例化的错误。

```
1 public class Test
2 {
3     public static void main(String[] args)
4     {
5         A a=new A();
6     }
7 }
```

例程 8.2　Test.java

抽象类的使用原则：

（1）抽象类必须有子类，即抽象类必须被继承。

（2）抽象类的子类如果不是抽象类的话，则必须重写其父类的全部抽象方法。

（3）抽象类不能直接实例化，必须依靠子类来完成。

进一步完善之前的程序，如例程 8.3 所示。

```
1  abstract class A
2  {
3      public void fun()
4      {
5          System.out.println("Hello World!!!") ;
6      }
7      public abstract void print() ;
8  };
9  class B extends A
10 {
11     public void print()
12     {
13         System.out.println("**********************") ;
14     }
15 };
16 class Test
17 {
18     public static void main(String args[])
19     {
20         B b = new B() ;
21         b.print() ;
22         b.fun() ;
23     }
24 };
```

例程 8.3　A.java

在例程 8.3 中，类 B 继承自类 A，重写了类 A 的抽象方法 print，于是类 B 不再是一个抽象类，可以在第 20 行实例化。如果类 B 仅仅是继承了类 A，但是没有重写类 A 的抽象方法，那么，类 B 依然是一个抽象类，依然不能实例化。

因为抽象类必须被子类继承，而被 final 修饰的类不能有子类，因此不能用 final 来修饰一个抽象类。

8.1.2　接　口

Java 中的接口是一系列方法的声明，即一些方法特征的集合。一个接口只有方法的声明而没有方法的实现，因此这些方法可以在不同的地方被不同的类实现，而这些实现可以具有不同的行为。接口形式如例程 8.4 所示。

```
1  public interface interfaceName
2  {
3      void Method1();
4      void Method2(int para1);
5      void Method3(String para2,String para3);
6  }
```

例程 8.4　interfaceName.java

Java 接口的声明使用关键字 interface，当接口定义完之后，也必须依靠其子类使用，子类继承接口的概念称为实现。格式如下：

```
class 子类 implements 接口名称{}
```

　　若接口的子类不是抽象类的话，则它必须覆写全部方法。与抽象类相比，接口有一个优点：一个子类只能继承一个父类，但是可以同时实现多个接口，也就是说通过接口可以完成多继承。如例程 8.5 所示。

```
 1  interface A
 2  {
 3      public static final String  INFO  = "HELLO";
 4      public abstract void print();
 5  }
 6  interface C
 7  {
 8      public static final String  PARAM  = "WWW";
 9      public abstract void fun();
10  }
11  class B implements A, C
12  {
13      public void print()
14      {
15          System.out.println(INFO);
16      }
17
18      public void fun()
19      {
20          System.out.println(PARAM);
21      }
22  }
23  class Test
24  {
25      public static void main(String args[])
26      {
27          B b = new B();
28          b.print();
29          b.fun();
30      }
31  }
```

例程 8.5　A.java

　　在例程 8.5 中，声明两个接口 A、C，接口只包含方法的声明和全局常量。类 B 实现了接口 A、C，因此类 B 必须实现接口 A、C 声明的全部方法，否则不能对 B 进行实例化。

　　注意：接口中的一切方法都是 public 访问权限，因此在子类实现方法时访问权限也必须是 public，写与不写都一样，建议写上 public。

　　如果一个类继承一个类又要实现接口，则必须按照以下格式完成：

　　class 子类 extends 父类（一般都是抽象类）implements 接口 A，接口 B

　　以上分析了接口的概念和使用方法，但接口的本质是什么呢?或者说接口存在的意义是什么？我们可以从以下两个视角考虑：

　　（1）接口是一组规则的集合，它规定了实现本接口的类或接口必须拥有的一组规则，体现了自然界“如果你是……则必须能……”的理念。例如，在自然界中，人都能吃饭，即“如果你是人，则必须能吃饭”。那么模拟到计算机程序中，就应该有一个 IPerson（习惯上，接口名由"I"开头）接口，并有一个方法名为 eat（），然后规定，每一个表示"人"的类，必须实现 IPerson 接口，这就模拟了自然界"如果你是人，则必须能吃饭"这条规则。

（2）接口是在一定粒度视图上同类事物的抽象表示。这里强调了在一定粒度视图上，因为"同类事物"这个概念是相对的，它因为粒度视图不同而不同。例如，一个人和一头猪有本质区别。但是，如果在一个动物学家眼里，人和猪应该是同类，因为都是动物，他可以认为"人"和"猪"都实现了 IAnimal 这个接口，而他在研究动物行为时，不会把人和猪分开对待，而会从"动物"这个较大的粒度上研究，但他会认为人和树有本质区别。现在换了一个遗传学家，情况又不同了，因为生物都能遗传，在他眼里，人不仅和猪没区别，与一只蚊子、一个细菌、一棵树、一个蘑菇乃至一个 SARS 病毒都没区别，因为他会认为这些都实现了 IDescendable 这个接口，即都是可遗传的东西，他不会分别研究，而会将所有生物作为同类进行研究，在他眼里没有人与病毒之分，只有可遗传的物质和不可遗传的物质。但至少这些与一块石头还是有区别的。

8.2　比较抽象类和接口

抽象类和接口是 Java 语言中对于抽象定义进行支持的两种机制，正是由于这两种机制的存在，才赋予了 Java 强大的面向对象能力。抽象类和接口在对于抽象定义的支持方面具有很强的相似性，甚至可以相互替换，因此很多开发者在进行抽象定义时对于抽象类和接口的选择显得比较随意。其实，这两者之间还是有很大区别的，对于它们的选择甚至反映出对于问题领域本质和设计意图的理解是否正确、合理。本节将对它们之间的区别从以下几个方面剖析：

（1）从概念层面比较抽象类和接口。

在面向对象的概念中，所有对象都是通过类来描绘的，但是反过来却不是这样。并不是所有的类都是用来描绘对象的，如果一个类中没有包含足够的信息来描绘一个具体对象，这样的类就是抽象类。抽象类往往用来表征在对问题领域进行分析、设计中得出的抽象概念，是对一系列看上去不同，但是本质上相同的具体概念的抽象。比如：如果进行一个图形编辑软件的开发，就会发现问题领域存在着圆、三角形这样一些具体概念，它们是不同的，但是它们又都属于形状这样一个概念，形状这个概念在问题领域是不存在的，它就是一个抽象概念。正是因为抽象概念在问题领域没有对应的具体概念，所以用以表征抽象概念的抽象类是不能够实例化的。

在面向对象领域，接口主要用来进行类型隐藏，可以构造出一组固定行为的抽象描述，但是这组行为却能够有任意个可能的具体实现方式。这个抽象描述就是接口，而这一组任意个可能的具体实现则表现为所有可能的派生类。模块可以操作一个接口。模块依赖于接口，接口在原则上不允许修改，模块可以通过从接口派生以扩展模块的功能。

（2）从语法定义层面比较抽象类和接口。

在语法层面，Java 语言对于抽象类和接口给出了不同的定义方式，下面以定义一个名为 Demo 的抽象类为例来说明。

使用抽象类定义 Demo 的方式如例程 8.6 所示。

```
1 abstract class Demo
2 {
3  abstract void method1();
4  abstract void method2();
5 }
6
```

例程 8.6　Demo.java

使用接口定义的方式如例程 8.7 所示。

```
1 interface Demo
2 {
3  abstract void method1();
4  abstract void method2();
5 }
6
7
```

例程 8.7　Demo.java

在抽象类方式中，Demo 可以有自己的数据成员，也可以有非 abstract 的成员方法，而在接口方式中，Demo 只能够有静态的不能被修改的数据成员（也就是必须是 static final 的，不过在 interface 中一般不定义数据成员），所有的成员方法都是 abstract 的。因此，从某种意义上说，接口是一种特殊形式的抽象类。

（3）从使用层面比较抽象类和接口。

首先，抽象类在 Java 语言中表示的是一种继承关系，一个类只能使用一次继承关系。但是，一个类却可以实现多个接口。

其次，在抽象类的定义中，可以赋予方法的默认行为。但是在接口的定义中，方法却不能拥有默认行为，这样可能会造成维护上的麻烦。因为如果后来想修改类的界面以适应新情况时，就会非常麻烦，可能要花费很多时间。但是如果界面是通过抽象类来实现的，那么可能就只修改定义在抽象类中的默认行为就可以了。

（4）从设计理念层面比较抽象类和接口。

前面已经提到过，抽象类在 Java 语言中体现了一种继承关系，要想使得继承关系合理，父类和派生类之间必须存在"is-a"关系，即父类和派生类在概念本质上应该是相同的。对于接口来说则不然，并不要求接口的实现者和接口的定义在概念本质上是一致的，接口的实现者仅仅是实现了接口定义的契约而已。为了便于读者理解，下面将通过一个简单实例来说明。

考虑这样一个例子，假设在问题领域中有一个关于 Door 的抽象概念，该 Door 具有两个动作 open 和 close，此时可以通过抽象类或者接口来定义一个表示该抽象概念的类型。

用抽象类表示 Door 这个概念，如例程 8.8 所示。

```
1 abstract class Door
2 {
3  abstract void open();
4  abstract void close();
5 }
```

例程 8.8　Door.java

用接口表示 Door 这个概念，如例程 8.9 所示。

```
1 interface Door
2 {
3     void open();
4     void close();
5 }
```

例程 8.9   Door.java

其他具体的 Door 类型可以继承抽象类也可以实现接口。看起来好像使用抽象类和接口没有太大区别。如果现在要求 Door 还要具有报警功能，该如何设计针对该例子的类结构呢？下面将罗列出可能的解决方案，并从设计理念层面对这些不同方案进行分析。

解决方案一：

在 Door 接口的定义中加一个 alarm 方法，如例程 8.10 所示。在抽象类里添加方法的代码类似，这里不再列出。

```
1 interface Door
2 {
3     void open();
4     void close();
5     void alarm();
6 }
```

例程 8.10   Door.java

那么具有报警功能的 AlarmDoor 就可以实现 Door 接口，如例程 8.11 所示。

```
1 public class AlarmDoor implements Door
2 {
3     @Override
4     public void alarm(){}
5
6     @Override
7     public void close(){}
8
9     @Override
10     public void open(){}
11 }
```

例程 8.11   AlarmDoor.java

这种方法违反了面向对象设计中的一个核心原则——接口隔离原则（ISP），在 Door 的定义中把 Door 概念本身固有的行为方法和另外一个概念"报警器"的行为方法混在了一起。这样引起的一个问题是那些仅仅依赖于 Door 这个概念的模块会因为"报警器"这个概念的改变（比如：修改 alarm 方法的参数）而改变。

解决方案二：

既然 open、close 和 alarm 属于两个不同的概念，根据 ISP 原则应该把它们分别定义在代表这两个概念的抽象中。定义方式有：这两个概念都使用抽象类方式定义；两个概念都使用接口方式定义；一个概念使用抽象类方式定义，另一个概念使用接口方式定义。

　　显然，由于 Java 语言不支持多重继承，所以两个概念都使用抽象类方式定义是不可行的。后面两种方式都是可行的，但是对于它们的选择却反映出对于问题领域中的概念本质的理解、对于设计意图的反映是否正确、合理。

　　如果两个概念都使用接口方式来定义，那么就反映出两个问题：

　　（1）可能没有理解清楚问题领域，AlarmDoor 在概念本质上到底是 Door 还是报警器。

　　（2）如果对于问题领域的理解没有问题，比如：通过对于问题领域的分析发现 AlarmDoor 在概念本质上和 Door 是一致的，那么在实现时就没有能够正确揭示的设计意图，因为在这两个概念的定义上反映不出上述含义。

　　如果对于问题领域的理解是：AlarmDoor 在概念本质上是 Door，同时它又具有报警的功能。该如何来设计、实现明确反映出的意思呢？前面已经说过，抽象类在 Java 语言中表示一种继承关系，而继承关系在本质上是"is-a"关系。所以对于 Door 这个概念，应该使用抽象类方式来定义。另外，AlarmDoor 具有报警功能，说明它又能够完成报警概念中定义的行为，所以报警概念可以通过接口方式定义。如例程 8.12 所示。

```java
 1 abstract class Door
 2 {
 3  abstract void open();
 4  abstract void close();
 5 }
 6 interface Alarm
 7 {
 8  void alarm();
 9 }
10 public class AlarmDoor extends Door implements Alarm
11 {
12     @Override
13     void close(){}
14
15     @Override
16     void open(){}
17
18     @Override
19     public void alarm(){}
20 }
```

例程 8.12　AlarmDoor.java

　　这种实现方式基本上能够明确地反映出对于问题领域的理解，正确地揭示设计意图。其实抽象类表示的是"is-a"关系，接口表示的是"like-a"关系，因此在选择时可以作为一个依据，当然这是建立在对问题领域的理解上的，比如：如果认为 AlarmDoor 在概念本质上是报警器，同时又具有 Door 的功能，那么上述的定义方式就要反过来了。

8.3　一个课堂练习——利用策略模式

　　本节从一个简单的排序算法开始，假如有一个整数数组，对数组元素进行从小到大的排序，如例程 8.13 所示。

```
1 public class Sort
2 {
3      private int[] array;
4⊖     public Sort(int[] a)
5      {
6          array=a;
7      }
8⊖     public void chooseSort()
9      {
10         int len=array.length;
11         for(int i=0;i<len-1;i++)
12         {
13             int k=i;
14             for(int j=i+1;j<len;j++)
15             {
16                 if(array[k]>array[j])
17                 {
18                     k=j;
19                 }
20             }
21             if(k!=i)
22             {
23                 int temp=array[i];
24                 array[i]=array[k];
25                 array[k]=temp;
26             }
27         }
28     }
29 }
```

例程 8.13 Sort.java

例程 8.13 描述了一个 Sort 类，该类接受一个整数数组，并有一个唯一的方法 chooseSort，这个方法用来对整数数组进行选择排序。

如果此时需求发生变化，需要排序的不是一组整数，而是一组动物，这组动物里面包含小猫、小狗、小猪……，那么如何修改这个程序呢?要对这些动物进行排序，首先需要把它们放到一个数组里面，但是这些动物都不属于同一个类型，如何将其放在一个数组中呢？解决的办法就是将这些不同的数据类型，继续向上抽象，抽象成同一种数据类型。我们分别用类 Cat、Dog、Pig……来描述小猫、小狗、小猪……，这些类又同时继承抽象类 Animal，于是类 Sort 就可以接受一个 Animal 类型的数组。

在 chooseSort 这个方法内，就可以对 Animal 数组进行排序了。接下来需要解决的问题就是怎么样对这些互不相干的动物进行比较。身高？年龄？体重？可以在 Animal 中提供抽象方法，用于获取动物的身高、年龄、体重等信息。继承自 Animal 的类可以重写这些方法，如例程 8.14 所示。

```
 1 public abstract class Animal
 2 {
 3      private String name;
 4      private int height ;
 5      private int age;
 6      private int weight;
 7⊕     public Animal(String name, int height, int age, int weight)▯
15⊕     public String getName()▯
19⊕     public int getHeight()▯
23⊕     public int getAge()▯
27⊕     public int getWeight()▯
31      public abstract void introduce();
32 }
33 class Cat extends Animal
34 {
35⊕     public Cat(String name, int height, int age, int weight)▯
40⊕     public void introduce()▯
44 }
45 class Dog extends Animal
46 {
47⊕     public Dog(String name, int height, int age, int weight)▯
52⊕     public void introduce()▯
56 }
57 class Pig extends Animal
58 {
59⊕     public Pig(String name, int height, int age, int weight)▯
64⊕     public void introduce()▯
68 }
```

例程 8.14　Animal.java

　　抽象类 Animal 描述了一个统一的抽象的接口，可以把不同的动物进行统一处理，比如：比较。类 Cat 描述了猫的概念、类 Dog 描述了狗的概念、类 Pig 描述了猪的概念，面向对象的思想就是用类表示概念。有了上述定义，就可以修改类 Sort，使得它可以对这些动物进行排序，如例程 8.15 所示。

```
 1 public class Sort
 2 {
 3      private Animal[] array;
 4⊖     public Sort(Animal[] a)
 5      {
 6          array=a;
 7      }
 8⊖     public void chooseSort()
 9      {
10          int len=array.length;
11          for(int i=0;i<len-1;i++)
12          {
13              int k=i;
14              for(int j=i+1;j<len;j++)
15              {
16                  if(array[k].getHeight()>array[j].getHeight())
17                  {
18                      k=j;
```

```
19                      }
20                  }
21              if(k!=i)
22              {
23                  Animal temp=array[i];
24                  array[i]=array[k];
25                  array[k]=temp;
26              }
27          }
28      }
29 }
```

例程 8.15   Sort.java

经过重新设计，现在类 Sort 可以对不同的动物进行排序，如果此时还有一只小鸡也需要排序，那没问题，只需要构造一个类 Chicken，并让它继承自类 Animal，这样就可以把小鸡加进数组里面，和小猫、小狗一起被排序了。注意例程 8.15 的第 16 行，在这里是按照动物的身高进行排序，如果系统的需求发生变化，需要按照年龄或者体重排序，怎么办呢？把第 16 行替换成：

```
if(array[k].getWeight()>array[j].getWeight())
```

这样做可以吗？很显然这不是最好的解决方法，面向对象思想很重要的一点是要求系统支持可扩展性，所谓可扩展性就是要求系统在不修改已有代码的基础上适应新的变化，要做到这一点，一般是在设计系统的时候预先估计哪些地方可能会发生变化，然后用接口或者抽象类来封装这些变化，当变化发生的时候，可以用新的具体的实现类来替换已有的实现类，这样就不需要修改已有的程序。就本例而言，可能会发生变化的地方是比较的方式，不同的客户代码可能需要不同的比较方式，于是，可以把比较方式封装起来，如例程 8.16 所示。

```
1 public interface ICompare
2 {
3      public int compare(Animal a1,Animal a2);
4 }
5 class HeightCompare implements ICompare
6 {
7      @Override
8      public int compare(Animal a1, Animal a2)
9      {
10         if(a1.getHeight()==a2.getHeight())
11         {
12             return 0;
13         }
14         else if(a1.getHeight()>a2.getHeight())
15         {
16             return 1;
17         }
18         else
19         {
20             return 0;
21         }
22
23     }
24 }
```

例程 8.16   ICompare.java

例程 8.16 把比较的方式进行了封装，它向外提供了一个比较的接口 ICompare，客户只需要使用这个接口进行比较，如例程 8.17 所示。具体的比较方式由实现类决定，类 HeightCompare 表示按身高的方式进行比较，如果需要按体重的方式进行比较，就再构造一个类 WeightCompare，并使其实现接口 ICompare，客户在使用的时候可以用具体的比较类进行替换。

```
 1 public class Sort
 2 {
 3     private Animal[] array;
 4     private ICompare compare;
 5     public Sort(Animal[] a,ICompare compare)
 6     {
 7         array=a;
 8         this.compare=compare;
 9     }
10     public void chooseSort()
11     {
12         int len=array.length;
13         for(int i=0;i<len-1;i++)
14         {
15             int k=i;
16             for(int j=i+1;j<len;j++)
17             {
18                 if(compare.compare(array[k], array[j])==1)
19                 {
20                     k=j;
21                 }
22             }
23             if(k!=i)
24             {
25                 Animal temp=array[i];
26                 array[i]=array[k];
27                 array[k]=temp;
28             }
29         }
30     }
31 }
```

例程 8.17　Sort.java

在上例中，类 Sort 拥有一个 ICompare，这个 ICompare 是抽象的接口，具体的实现类由客户构造，并通过 Sort 的构造函数传递给 Sort，客户如果想用身高进行比较，就构造一个 HeightCompare 对象传递给 Sort，客户如果想用体重进行比较，就构造一个 WeightCompare 对象传递给 Sort，多态的原理可以保证第 18 行总是按照客户指定的具体比较类进行比较。

这样，系统就可以支持按照不同的方式进行比较了，如果还想按照年龄进行比较，只要构造一个新的类 AgeCompare，并让其实现接口 ICompare，然后客户构造一个 AgeCompare 的实例传递给 Sort，Sort 就可以按照 AgeCompare 的规则对年龄进行排序了。

第 9 章 内 部 类

可以将一个类的定义放在另一个类定义内部，这就是内部类。内部类是一种非常有用的特性，因为它允许把一些逻辑相关的类组织在一起，并控制内部类的可见性。

9.1 创建内部类

创建一个内部类就是把类的定义置于外围类（surrounding class）的里面，如例程 9.1 所示。

```java
 1 public class Parcel1
 2 {
 3     class Destination
 4     {
 5         private String  label;
 6
 7         Destination(String whereTo)
 8         {
 9             label = whereTo;
10         }
11         String readLabel()
12         {
13             return label;
14         }
15     }
16     public void ship(String dest)
17     {
18         Destination d = new Destination(dest);
19     }
20
21     public static void main(String[] args)
22     {
23         Parcel1 p = new Parcel1();
24         p.ship("Tanzania");
25     }
26 }
```

例程 9.1 Parcel1.java

若只是在 ship（）方法内部使用，内部类的使用看起来与其他任何类没什么分别。这里唯一明显的区别就是它的名字嵌套在 Parcel1 里面。更典型的一种情况是：一个外部类拥有一个特殊方法，它会返回指向一个内部类的句柄，如例程 9.2 所示。

```java
 1 public class Parcel2
 2 {
 3     class Destination
 4     {
 5         private String  label;
 6         Destination(String whereTo)
 7         {
 8             label = whereTo;
 9         }
10         String readLabel()
11         {
12             return label;
13         }
14     }
15     public Destination to(String s)
16     {
17         return new Destination(s);
18     }
19     public static void main(String[] args)
20     {
21         Parcel2 q = new Parcel2();
22         Parcel2.Destination d = q.to("Borneo");
23     }
24 }
```

例程 9.2　Parcel2.java

若想在除外部类非 static 方法内部之外的任何地方生成内部类的一个对象，必须将那个对象的类型设为"外部类名.内部类名"，就像例程 9.2 中 main（）中展示的那样。

9.2　引用外部类成员

到目前为止，大家见到的内部类好像仅仅是一种名字隐藏以及代码组织方案。尽管这些功能非常有用，但似乎并不特别引人注目。然而，我们还忽略了另一个重要的事实：创建自己的内部类时，那个类的对象同时拥有指向封装对象的一个链接，因此它们能访问那个封装对象的成员，并且不需要任何特殊条件。除此以外，内部类拥有对封装类所有元素的访问权限，如例程 9.3 所示。

```java
 1 interface Selector
 2 {
 3     boolean end();
 4     Object current();
 5     void next();
 6 }
 7 public class Sequence
 8 {
```

```
 9      private Object[]      o;
10      private int          next = 0;
11⊕     public Sequence(int size)▯
15⊕     public void add(Object x)▯
23⊖     private class SSelector implements Selector
24      {
25          int i    = 0;
26⊖         public boolean end()
27          {
28              return i == o.length;
29          }
30⊖         public Object current()
31          {
32              return o[i];
33          }
34⊖         public void next()
35          {
36              if (i < o.length)
37                  i++;
38          }
39      }
40⊕     public Selector getSelector()▯
44⊖     public static void main(String[] args)
45      {
46          Sequence s = new Sequence(10);
47          for (int i = 0; i < 10; i++)
48              s.add(Integer.toString(i));
49          Selector sl = s.getSelector();
50          while (!sl.end())
51          {
52              System.out.println((String) sl.current());
53              sl.next();
54          }
55      }
56 }
```

例程 9.3　Sequence.java

其中，Sequence 只是将一个大小固定的对象数组以类的形式封装了起来。调用 add（）以便将一个新对象添加到 Sequence 末尾（如果还有地方的话）。为了取得 Sequence 中的每一个对象，要使用一个名为 Selector 的接口，它使我们能够知道自己是否位于最末尾（end（））能观看当前对象（current（））以及能够移至 Sequence 内的下一个对象（ext（）），Selector 是一个接口，所以其他许多类都能用它们自己的方式实现接口，而且许多方法都能将接口作为一个自变量使用，从而创建一般的代码。

在这里，SSelector 是一个私有类，它实现了 Selector 接口。在 main（）中，先创建了一个 Sequence 对象，然后在它里面添加了一系列的字符串对象。随后通过对 getSelector（）的调用生成一个 Selector，并用它在 Sequence 中移动，同时选择每一个项目。

从表面看，SSelector 似乎只是另一个内部类。但不要被表面现象迷惑。请注意观察 end（）, current（）以及 next（），它们每个方法都引用了 o 对象句柄，o 是个不属于 SSelector

一部分的句柄，而是位于封装类里的一个 private 字段。然而，内部类可以从封装类访问方法与字段，就像已经拥有了它们一样。这一特征对我们来说是非常方便的。

9.3 内部类与向上转型

当将内部类向上转型为其基类，尤其是转型为一个接口的时候，内部类就有了用武之地（从实现了某个接口的对象得到对此接口的引用，与向上转型为这个对象的基类，实质上效果是一样的）。这是因为此内部类——某个接口的实现对于其他人来说能够完全不可见，并且不可用。用户所得到的只是指向基类或接口的一个引用，所以能够很方便地隐藏实现细节。

首先，我们将通用接口定义在独立的文件中，这样就可以在所有的例子中使用它们。如例程 9.4 所示。

```
1 interface Destination
2 {
3   String readLabel();
4 }
```

例程 9.4　Destination.java

现在 Destination 表示客户可用的接口。记住接口的所有成员自动被设置为 public。

当取得了一个指向基类或接口的引用时，可能无法找出它确切的类型，如例程 9.5 所示。

```
 1 class Parcel3
 2 {
 3     private class PDestination implements Destination
 4     {
 5         private String  label;
 6         private PDestination(String whereTo)
 7         {
 8             label = whereTo;
 9         }
10         public String readLabel()
11         {
12             return label;
13         }
14     }
15
16     public Destination dest(String s)
17     {
18         return new PDestination(s);
19     }
20
21 }
22 class TestParcel
23 {
24     public static void main(String[] args)
25     {
26         Parcel3 p = new Parcel3();
27         Destination d = p.dest("Tanzania");
28     }
29 }
```

例程 9.5　Parcel3.java

在例程 9.5 中，main（ ）方法必须在一个单独的类中才能演示出内部类 PDestination 是私有的这个性质。Parcel3 中增加了一些新东西：内部类 PDestination 是 private 的，因此除了 Parcel3，没有人能访问它。这意味着，如果客户端程序员想了解或访问这些成员，是要受到限制的。实际上，你甚至不能向下转型成 private 内部类（或 protected 内部类，除非有继承自它的子类），因为你不能访问其名字，就像你在 TestParcel 类中看到的那样。于是，private 内部类给类的设计者提供了一种途径，以完全阻止任何依赖于类型的编码，并且完全隐藏了实现细节。

9.4　在方法和作用域内的内部类

目前为止，我们所看到的只是内部类的典型用途。通常，如果要读写的代码包含了内部类，那么它们都是"平凡的"内部类，简单并且容易理解。然而，内部类的设计却是覆盖了大量更加复杂的技术的。如果选择使用内部类，它还有许多难以理解的使用方式。例如，可以在一个方法里或者在任意的作用域内定义内部类。这么做有两个理由：

（1）如前所示，实现了某类型的接口，于是可以创建并返回对其的引用。

（2）要解决一个复杂问题，想创建一个类来辅助解决方案，但是又不希望这个类是公共可用的。

下面的例子展示了在方法的作用域内（而不是在其他类的作用域内）创建一个完整的类。这被称作局部内部类（local inner class），如例程 9.6 所示。

```
 1 class Parcel4
 2 {
 3     public Destination dest(String s)
 4     {
 5         class PDestination implements Destination
 6         {
 7             private String  label;
 8
 9             private PDestination(String whereTo)
10             {
11                 label = whereTo;
12             }
13
14             public String readLabel()
15             {
16                 return label;
17             }
18         }
19         return new PDestination(s);
20     }
21
22     public static void main(String[] args)
23     {
24         Parcel4 p = new Parcel4();
25         Destination d = p.dest("Tanzania");
26     }
27 }
```

例程 9.6　Parcel4.java

　　与其说 PDestination 类是 Parcel4 的一部分，不如说是 dest（）方法的一部分。因此在 dest
（）之外不能访问 PDestination。注意出现在 return 语句中的向上转型返回的是 Destination 的
引用，它是 PDestination 的基类。当然，在 dest（）中定义了内部类 PDestination，并不意味
着一旦 dest（）方法执行完毕，PDestination 就不可用了。

　　可以在同一个子目录下的任意类中为某个内部类用 PDestination 命名，这并不会产生命
名冲突。

　　例程 9.7 展示了如何在任意的作用域内嵌入一个内部类。

```
 1 class Parcel5
 2 {
 3     private void internalTracking(boolean b)
 4     {
 5         if (b)
 6         {
 7             class TrackingSlip
 8             {
 9             }
10             TrackingSlip ts = new TrackingSlip();
11         }
12     }
13
14     public void track()
15     {
16         internalTracking(true);
17     }
18     public static void main(String[] args)
19     {
20         Parcel5 p = new Parcel5();
21         p.track();
22     }
23 }
```

例程 9.7　Parcel5.java

　　TrackingSlip 类的定义被嵌入在 if 语句的作用域内，除了在定义 TrackingSlip 的作用域之
外不可用以外，它与普通类一样。

9.5　匿名内部类

　　在讨论本小节以前，先来看一个例子，如例程 9.8 所示。

```
 1 class Parcel6
 2 {
 3     public Contents cont()
 4     {
 5         return new Contents()
 6         {
 7             //类的定义
 8         };
 9     }
10     public static void main(String[] args)
11     {
12         Parcel6 p = new Parcel6();
13         Contents c = p.cont();
14     }
15 }
```

例程 9.8　Pracel6.java

cont（）方法将下面两个动作合并在一起：返回值的生成与表示这个返回值的类的定义。进一步说，这个类是匿名的，它没有名字。这种奇怪的语法指的是："创建一个继承自 Contents 的匿名类的对象"通过 new 表达式返回的引用被自动向上转型为对 Contents 的引用。在匿名内部类末尾的分号，并不是用来标记此内部类结束（C++中是这样）。实际上，它标记的是表达式的结束，只不过这个表达式正巧包含了内部类罢了。因此，这与别的地方使用的分号是一致的。

匿名内部类与正规的继承相比有些受限，因为匿名内部类既可以扩展类，也可以实现接口，但是不能两者兼备。而且如果是实现接口也只能实现一个接口。

9.6　为什么需要内部类

前面已经看到了许多描述内部类的语法和语义，但这并不能说明"为什么需要内部类？"。那么，Sun 公司为什么会如此费心地增加这项基本的语言特性呢？典型情况是，内部类继承自某个类或实现某个接口，内部类的代码操作创建其外围类的对象，因此可以认为内部类提供了某种进入其外围类的窗口。

内部类必须要回答一个问题是：如果只是需要一个对接口的引用，为什么不通过外围类实现那个接口呢？答案是："如果这能满足需求，那么就应该这样做。"那么内部类实现一个接口与外围类实现这个接口有什么区别呢？答案就是你不是总能享用到接口带来的方便，有时你需要与接口的实现进行交互，因此使用内部类最吸引人的原因是：

（1）每个内部类都能独立地继承自一个（接口的）实现，无论外围类是否已经继承了某个（接口的）实现，对于内部类都没有影响。

（2）如果没有内部类提供的可以继承多个具体的或抽象的类的能力，一些设计与编程问题就很难解决。从这个角度看，内部类使得多重继承的解决方案变得完整。接口解决了部分问题，而内部类有效地实现了"多重继承"。也就是说，内部类允许继承多个非接口类型。

（3）如果不需要解决"多重继承"问题，自然可以用别的方式编码，而不需要使用内部类。但如果使用了内部类，还可以获得其他一些特性：

① 内部类可以有多个实例，每个实例都有自己的状态信息，并且与其外围类对象的信息相互独立。

② 在单个外围类中，可以让多个内部类以不同的方式实现同一个接口或继承同一个类。

③ 创建内部类对象的时刻并不依赖于外围类对象的创建。

④ 内部类并没有令人迷惑的"is-a"关系，它就是一个独立的实体。

9.6.1　闭包与回调

闭包（closure）是一个可调用的对象，它记录了一些信息，这些信息来自于创建它的作用域。通过此定义可以看出内部类是面向对象的闭包，因为它不仅包含外围类对象的信息，还自动拥有一个指向此外围类对象的引用，在此作用域内，内部类有权操作所有成员，包括 private 成员。

通过内部类提供闭包的功能是完美的解决方案，它比指针更灵活，更安全。如例程 9.9 所示。

```
 1  interface Incrementable
 2  {
 3      void increment();
 4  }
 5  class MyIncrement
 6  {
 7      void increment()
 8      {}
 9  }
10  class Callee extends MyIncrement
11  {
12      private class Closure implements Incrementable
13      {
14          public void increment()
15          {}
16      }
17      Incrementable getCallbackReference()
18      {
19          return new Closure();
20      }
21  }
22  class Caller
23  {
24      private Incrementable   callbackReference;
25      public Caller(Incrementable cbh)
26      {
27          callbackReference = cbh;
28      }
29      void go()
30      {
31          callbackReference.increment();
32      }
33  }
34  class Callbacks
35  {
36      public static void main(String[] args)
37      {
38          Callee c2 = new Callee();
39          Caller caller2 = new Caller(c2.getCallbackReference());
40          caller2.go();
41      }
42  }
```

例程 9.9　Callbacks.java

Callee 继承自 MyIncrement，后者已经有了一个不同的 increment（）方法，并且与 Incrementable 接口期望的 increment（）方法完全不相关。因此如果 Callee 继承了 MyIncrement，就不能为了使用 Incrementable 而重载 increment（）方法，于是只能使用内部类独立地实现 Incrementable。

在 Callee 中除了 getCallbackReference（）外，其他成员都是 private 的。要想建立与外

部世界的任何连接，接口 Incrementable 都是必需的。

内部类 Closure 实现了 Incrementable 以提供一个返回 Callee 的"钩子（hook）"。无论谁获得此 Incrementable 的引用，都只能调用 increment（），除此之外没有其他功能（不像指针那样，允许做很多事情）。

Caller 的构造器需要一个 Incrementable 的引用作为参数，然后在以后的某个时刻，Caller 对象可以使用此引用回调 Callee 类。回调的价值在于它的灵活性，可以在运行期动态地决定需要调用什么方法。

9.6.2 内部类与控制框架

应用程序框架（application framework）就是被设计用以解决某类特定问题的一个类或一组类。要使用某个应用程序框架，通常是继承一个或多个类，并重载某些方法。在重载的方法中，其代码将应用程序框架提供的通用解决方案特殊化，以解决特定问题。控制框架是一类特殊的应用程序框架，它用来解决响应事件的需求。主要用来响应事件的系统被称作事件驱动系统。应用程序最重要的问题之一是图形用户接口（GUI），它几乎完全是事件驱动系统。

要理解内部类是如何允许简单的创建过程以及如何使用控制框架的，首先考虑这样一个控制框架的例子，它的工作就是在事件"就绪（ready）"的时候执行事件。虽然"就绪"可以指任何事，但在本例中缺省的是基于时间触发的。接下来的问题就是：对于要控制什么，控制框架并不包含任何具体信息。那些信息是在实现"模板方法（template method）"时通过继承来提供的。

首先，接口描述了要控制的事件。因为其缺省的行为是基于时间去执行控制，所以使用抽象类来代替实际的接口，如例程 9.10 所示。

```
 1 abstract class Event
 2 {
 3     private long           eventTime;
 4     protected final long   delayTime;
 5     public Event(long delayTime)
 6     {
 7         this.delayTime = delayTime;
 8         start();
 9     }
10     public void start()
11     {
12         eventTime = System.currentTimeMillis() + delayTime;
13     }
14     public boolean ready()
15     {
16         return System.currentTimeMillis() >= eventTime;
17     }
18     public abstract void action();
19 }
```

例程 9.10   Event.java

如果希望运行 Event，然后调用 start（），那么构造器就会捕获时间，此时间是这样得来的：start（）获取当前时间，然后加上一个延迟时间后生成触发事件的时间。start（）是一个独立的方法，而没有包含在构造器内，因为这样就可以在事件运行以后重新启动计时器，也就是能够重复使用 Event 对象。例如，如果要重复一个事件，只需简单地在 action（）中调用 start（）方法即可。ready（）告诉现在可以运行 action（）方法了。当然，可以在导出类中重载 ready（），使得 Event 能够基于时间以外的其他因素而触发。

例程 9.11 包含了一个实际的管理并触发事件的控制框架。Event 对象被保存在 ArrayList 类型的容器对象中。

```
2  class Controller
3  {
4      private List    eventList   = new ArrayList();
5      public void addEvent(Event c)
6      {
7          eventList.add(c);
8      }
9      public void run()
10     {
11         while (eventList.size() > 0)
12         {
13             for (int i = 0; i < eventList.size(); i++)
14             {
15                 Event e = (Event) eventList.get(i);
16                 if (e.ready())
17                 {
18                     e.action();
19                     eventList.remove(i);
20                 }
21             }
22         }
23     }
24 }
```

例程 9.11　Controller.java

run（）方法循环遍历 eventList，通过 ready（）寻找就绪的 Event。对找到的每一个就绪的事件，调用其 action（）方法，然后从队列中移除此 Event。

在目前的设计中并不知道 Event 到底做了什么，这正是此设计的关键之处——"使变化的事物与不变的事物相互分离"。各种不同的 Event 对象所具有的不同行为，是通过创建不同的 Event 子类来表现的。这正是内部类要做的事情：

（1）用一个单独的类完整地实现一个控制框架，从而将实现的细节封装起来。内部类用来表示解决问题所必需的各种不同的 action（）。

（2）内部类能够轻易地访问外围类的任意成员，因此可以避免这种实现变得很笨拙。

考虑此控制框架的一个特殊实现，用以控制温室的运作：控制灯光、水、温度调节器的开关，以及响铃和重新启动系统，每个行为都是完全不同的。控制框架的设计使得分离这些不同的代码变得非常容易。使用内部类可以在单一的类里面产生对同一个基类 Event 的多种继承版本。对于温室系统的每一种行为，都继承一个新的 Event 内部类，并在要实现的 action（ ）中编写控制代码。如例程 9.12 所示。

```
 1 class GreenhouseControls extends Controller
 2 {
 3     private boolean     light   = false;
 4     public class LightOn extends Event
 5     {
 6         public LightOn(long delayTime)
 7         {
 8             super(delayTime);
 9         }
10         public void action()
11         {
12             light = true;
13         }
14         public String toString()
15         {
16             return "Light is on";
17         }
18     }
19     public class LightOff extends Event
20     {
21         public LightOff(long delayTime)
22         {
23             super(delayTime);
24         }
25         public void action()
26         {
27             light = false;
28         }
29         public String toString()
30         {
31             return "Light is off";
32         }
33     }
34     private boolean water   = false;
35     public class WaterOn extends Event
36     {
37         public WaterOn(long delayTime)
38         {
39             super(delayTime);
40         }
41         public void action()
42         {
43             water = true;
44         }
45         public String toString()
46         {
47             return "Greenhouse water is on";
48         }
49     }
```

```java
50    public class WaterOff extends Event
51    {
52        public WaterOff(long delayTime)
53        {
54            super(delayTime);
55        }
56        public void action()
57        {
58            water = false;
59        }
60        public String toString()
61        {
62            return "Greenhouse water is off";
63        }
64    }
65    private String  thermostat  = "Day";
66    public class ThermostatNight extends Event
67    {
68        public ThermostatNight(long delayTime)
69        {
70            super(delayTime);
71        }
72        public void action()
73        {
74            thermostat = "Night";
75        }
76        public String toString()
77        {
78            return "Thermostat on night setting";
79        }
80    }
81
82    public class ThermostatDay extends Event
83    {
84        public ThermostatDay(long delayTime)
85        {
86            super(delayTime);
87        }
88        public void action()
89        {
90            thermostat = "Day";
91        }
92
93        public String toString()
94        {
95            return "Thermostat on day setting";
96        }
97    }
98    public class Bell extends Event
99    {
100       public Bell(long delayTime)
101       {
102           super(delayTime);
```

```
103                    }
104⊖         public void action()
105         {
106                 addEvent(new Bell(delayTime));
107         }
108⊖         public String toString()
109         {
110                 return "Bing!";
111         }
112     }
113⊖  public class Restart extends Event
114     {
115         private Event[] eventList;
116
117⊖         public Restart(long delayTime, Event[] eventList)
118         {
119                 super(delayTime);
120                 this.eventList = eventList;
121                 for (int i = 0; i < eventList.length; i++)
122                     addEvent(eventList[i]);
123         }
124
125⊖         public void action()
126         {
127                 for (int i = 0; i < eventList.length; i++)
128                 {
129                     eventList[i].start();
130                     addEvent(eventList[i]);
131                 }
132                 start();
133                 addEvent(this);
134         }
135⊖         public String toString()
136         {
137                 return "Restarting system";
138         }
139     }
140⊖  public class Terminate extends Event
141     {
142⊖         public Terminate(long delayTime)
143         {
144                 super(delayTime);
145         }
146⊖         public void action()
147         {
148                 System.exit(0);
149         }
150
151⊖         public String toString()
152         {
153                 return "Terminating";
154         }
155     }
156 }
```

例程 9.12   GreenhouseControls.java

注意 light、water 和 thermostat 都属于外围类，而这些内部类能够自由地访问成员变量，无需限定条件或特殊许可。而且大多数 action（ ）方法都涉及对某种硬件的控制。

大多数 Event 类看起来都很相似，但是 Bell 和 Restart 则比较特别。Bell 控制响铃，然后在事件列表中增加一个 Bell 对象，于是过一会儿它可以再次响铃。大家可能注意到了内部类是多么像多重继承：Bell 和 Restart 有 Event 的所有方法，并且似乎也拥有外围类 GreenhouseContrlos 所有的方法。一个 Event 对象的数组被递交给 Restart，该数组要加到控制器上。由于 Restart（ ）也是一个 Event 对象，因此同样可以将 Restart 对象添加到 Restart.action（ ）中，以使系统能够有规律地重新启动。

下面的类通过创建一个 GreenhouseControls 对象，并添加各种不同的 Event 对象来配置该系统，如例程 9.13 所示。

```java
class GreenhouseController
{
    public static void main(String[] args)
    {
        GreenhouseControls gc = new GreenhouseControls();
        gc.addEvent(gc.new Bell(900));
        Event[] eventList =
        {
                gc.new ThermostatNight(0),
                gc.new LightOn(200),
                gc.new LightOff(400),
                gc.new WaterOn(600),
                gc.new WaterOff(800),
                gc.new ThermostatDay(1400)
        };
        gc.addEvent(gc.new Restart(2000, eventList));
        if (args.length == 1)
          gc.addEvent(gc.new Terminate(Integer.parseInt(args[0])));
        gc.run();
    }
}
```

例程 9.13　GreenhouseController.java

这个类的作用是初始化系统，因此它添加了所有相应的事件。这个例子应该能说明内部类的价值，特别是在控制框架中使用内部类。

比起面向对象编程中其他概念，接口和内部类更深奥复杂，比如 C++就没有这些。将两者结合起来，能够解决 C++试图用多重继承解决的问题。然而，多重继承在 C++中被证明是相当难以使用的，相比而言，Java 的接口和内部类就容易理解多了。虽然这些特性本身是相当直观的，但是就像多态机制一样，这些特性的使用应该是设计阶段考虑的问题。

9.7　内部类的继承

因为内部类的构造函数要用到其外围类对象的引用，所以继承一个内部类的时候就有点复杂。因为外围类对象的引用必须被初始化，而在被继承的类中并不存在要联接的缺省对象。
如例程 9.14 所示。

```
 1 class WithInner
 2 {
 3   class Inner {}
 4 }
 5 class InheritInner extends WithInner.Inner
 6 {
 7   InheritInner(WithInner wi)
 8   {
 9     wi.super();
10   }
11 public static void main(String[] args)
12 {
13     WithInner wi = new WithInner();
14     InheritInner ii = new InheritInner(wi);
15   }
16 }
```

例程 9.14   InheritInner.java

可以看到，InheritInner 只继承自内部类，而不是外围类。但是当要生成一个构造函数时，
不能只是传递一个指向外围类对象的引用。此外，必须在构造器内使用语法 "enclosingClass
Reference.super（）;" 提供必要的引用，然后程序才能编译通过。

第 10 章　多线程

10.1　线程的概念

现在主流的操作系统是多任务操作系统，而多线程是实现多任务的一种方式。进程是指一个内存中运行的应用程序，每个进程都有自己独立的一块内存空间，一个进程可以启动多个线程。比如在 Windows 系统中，一个运行的 exe 就是一个进程。线程是指进程中的一个执行流程，一个进程中可以运行多个线程。线程总是属于某个进程，进程中的多个线程共享进程的内存。线程"同时"执行只是人的感觉，实际上它们是轮换执行的。

10.2　Java 线程的创建和启动

在 Java 中，通过使用 java.lang.Thread 类或者 java.lang.Runnable 接口来定义、实例化和启动新线程。Java 中，每个线程都有一个调用栈，即使不在程序中创建任何新的线程，线程也在后台运行着。一个 Java 应用总是从 main（）方法开始运行，mian（）方法运行在一个线程内，它被称为主线程。一旦创建一个新的线程，就产生一个新的调用栈。

10.2.1　扩展 Thread 类

一个 Thread 类实例只是一个对象，像 Java 中的任何其他对象一样，它具有变量和方法，生死于堆上。要创建一个线程，只需要继承 Thread 类，覆盖其方法 run（），即在创建的 Thread 类的子类中重写 run（），加入线程所要执行的代码，如例程 10.1 所示。

```
class TestThread extends Thread{

    public TestThread(String name){
        super(name);
    }
    public void run(){
        for (int i = 0; i < 5; i++){
            for (long k = 0; k < 100000000; k++);
            System.out.println(this.getName() + " :" + i);
        }
    }
```

```
    }
    public static void main(String[] args){

        Thread thread = new TestThread("阿三");
        thread.start();
    }
}
```

例程 10.1　TestThread.java

对于上面的多线程程序代码来说，输出结果是不确定的。其中的一条语句"for（long k = 0；k <100000000；k++）；"是用来模拟一个非常耗时的操作的。

启动一个线程，是在线程对象上调用 start（）方法，而不是 run（）或者别的方法。对 Java 来说，run（）方法没有任何特别之处，它像 main（）方法一样，只是新线程知道调用的方法名称（和签名）。这种方法简单明了，但是也有一个缺点，那就是如果我们的类已经从一个类继承，则无法再继承 Thread 类，这时如果又不想建立一个新的类，应该怎么办呢？见 10.2.2 有关内容。

10.2.2　实现 Runnable 接口

为了解决上一小节最后提出的问题，Java 中的线程还有另外一种实现方法，那就是实现一个名叫 Runnable 的接口。Runnable 接口只有一个方法 run（），通过声明自己的类实现 Runnable 接口并提供这一方法，并将线程代码写入其中，就完成了这一部分的任务。但是 Runnable 接口并没有任何对线程的支持，因此还必须创建 Thread 类的实例，这一点通过 Thread 类的构造函数 public Thread（Runnable target）来实现。如例程 10.2 所示。

```
class DoSomething implements Runnable{

    private String name;
    public DoSomething(String name){
        this.name = name;
    }
    public void run(){
        for (int i = 0; i < 5; i++){
            for (long k = 0; k < 100000000; k++);
            System.out.println(name + ": " + i);
        }
    }
    public static void main(String[] args){

        DoSomething ds = new DoSomething("阿三");
```

```
Thread t = new Thread(ds);
    t.start();
    }
}
```

例程 10.2　DoSomething.java

在上例中 DoSomething 类实现了接口 Runnable，并重写了接口中的 run 方法，客户端在实例化一个线程对象的时候，将 DoSomething 的对象传递给线程类的构造函数，然后调用线程类的 start 方法，启动线程。

使用 Runnable 接口来实现多线程使得我们能够在一个类中包容所有的代码，有利于封装，但缺点在于，我们只能使用一套代码，若想创建多个线程并使各个线程执行不同的代码，则仍必须额外创建类，如果这样的话，在大多数情况下也许还不如直接用多个类分别继承 Thread 来得紧凑。

10.3　线程的状态

线程从创建、运行到结束总是处于五个状态之一：新建状态、就绪状态、运行状态、阻塞状态及死亡状态。

10.3.1　新　建

在例程 10.1 中，当语句 Thread t = new TestThread（"阿三"）执行后，thread 就处于新建状态。处于该状态的线程仅仅是空的线程对象，并没有为其分配系统资源。当线程处于该状态，用户仅能启动线程，调用任何其他方法是无意义的且会引发 IllegalThreadStateException 异常（实际上，当调用线程的状态所不允许的任何方法时，运行时系统都会引发 IllegalThreadStateException 异常）。

10.3.2　就　绪

一个新创建的线程并不自动开始运行，要执行线程，必须调用线程的 start（）方法。当线程对象调用 start（）方法即启动了线程，如例程 10.1 中"thread.start（）;"语句就启动 thread 线程。start（）方法创建线程运行的系统资源，并调度线程运行 run（）方法。当 start（）方法返回后，线程就处于就绪状态。

处于就绪状态的线程并不一定立即运行 run（）方法，线程还必须同其他线程竞争 CPU 时间，只有获得 CPU 时间的线程才可以运行。因为在单 CPU 的计算机系统中，不可能同时运行多个线程，一个时刻仅有一个线程处于运行状态。因此此时可能有多个线程处于就绪状态。对多个处于就绪状态的线程是由 Java 运行时系统的线程调度程序来调度的。

10.3.3 运 行

当线程获得 CPU 时间后，它才进入运行状态，真正开始执行 run（）方法，例程 10.1 里 run（）方法中是一个循环，如下：

```java
public void run(){

    for (int i = 0; i < 5; i++){
        for (long k = 0; k < 100000000; k++);
        System.out.println(this.getName() + " :" + i);
    }
}
```

循环体执行 5 次，每次先做一个耗时运算："for (long k = 0; k < 100000000; k++);"，然后打印当前线程的名字。

10.3.4 阻 塞

线程在运行过程中，可能由于各种原因进入阻塞状态。所谓阻塞状态是正在运行的线程没有运行结束，暂时让出 CPU，这时其他处于就绪状态的线程就可以获得 CPU 时间以进入运行状态。

10.3.5 死 亡

线程的正常结束，即 run（）方法返回，线程运行就结束了，此时线程就处于死亡状态。例程 10.1 中，线程运行结束的条件是 $i \geqslant 5$。通常在 run（）方法中是一个循环，要么是循环结束，要么是循环的条件不满足，这两种情况都可以使线程正常结束，进入死亡状态。

例如，下面一段代码是一个循环：

```java
public void run(){
    int i = 0;
    while(i<100){
        i++; }
}
```

当该段代码循环结束后，线程就自然结束了。注意一个处于死亡状态的线程不能再调用该线程的任何方法。

10.3.6 状态之间的转换

一个线程在其生命周期中可以从一种状态改变到另一种状态，线程状态的变迁如图 10.1 所示。

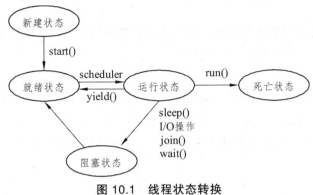

图 10.1　线程状态转换

当一个新建的线程调用它的 start（）方法后即进入就绪状态，处于就绪状态的线程被线程调度程序选中就可以获得 CPU 时间，进入运行状态，该线程就开始运行 run（）方法。如果线程的 run（）方法是一个确定次数的循环，则循环结束后，线程运行就结束了，线程对象即进入死亡状态。如果 run（）方法是一个不确定次数的循环，一般是通过设置一个标志变量，在程序中改变标志变量的值实现结束线程。

处于运行状态的线程如果调用了 yield（）方法，那么它将放弃 CPU 时间，使当前正在运行的线程进入就绪状态。这时有几种可能的情况：如果没有其他的线程处于就绪状态等待运行，该线程会立即继续运行；如果有等待的线程，此时线程回到就绪状态状态与其他线程竞争 CPU 时间，当有比该线程优先级高的线程时，高优先级的线程进入运行状态，当没有比该线程优先级高的线程，但有同优先级的线程时，则由线程调度程序来决定哪个线程进入运行状态，因此线程调用 yield（）方法只能将 CPU 时间让给具有同优先级的或高优先级的线程而不能让给低优先级的线程。

有多种原因可使当前运行的线程进入阻塞状态，进入阻塞状态的线程当相应的事件结束或条件满足时进入就绪状态。使线程进入阻塞状态可能有多种原因：

（1）线程调用了 sleep（）方法，线程进入睡眠状态，此时该线程停止执行一段时间。当时间到时该线程回到就绪状态，与其他线程竞争 CPU 时间。Thread 类中定义了一个 interrupt（）方法。一个处于睡眠中的线程若调用了 interrupt（）方法，该线程立即结束睡眠进入就绪状态。

（2）如果一个线程的运行需要进行 I/O 操作，比如从键盘接收数据，这时程序可能需要等待用户的输入，这时如果该线程一直占用 CPU，其他线程就得不到运行。这种情况称为 I/O 阻塞。这时该线程就会离开运行状态而进入阻塞状态。Java 语言的所有 I/O 方法都具有这种行为。

（3）有时要求当前线程在另一个线程执行结束后再继续执行，这时可以调用 join（）方法实现，join（）方法有下面三种格式：

- public void join（）：使当前线程暂停执行，等待调用该方法的线程结束后再执行当前线程。
- public void join（long millis）：最多等待 millis 毫秒后，当前线程继续执行。

- public void join（long millis，int nanos）：可以指定多少毫秒、多少纳秒后继续执行当前线程。

上述方法使当前线程暂停执行进入阻塞状态，当调用线程结束或指定的时间过后，当前线程就进入就绪状态，例如执行下面代码：

```
thread.join();
```

将使当前线程进入阻塞状态，当线程 thread 执行结束后，当前线程才能继续执行。

（4）线程调用了 wait（）方法，等待某个条件变量，此时该线程进入阻塞状态，直到被通知（调用了 notify（）或 notifyAll（）方法）结束等待后，线程回到就绪状态。

10.4　线程调度

前面说过多个线程可并发运行，然而实际上并不总是这样。由于很多计算机都是单 CPU 的，因此一个时刻只能有一个线程运行，多个线程的并发运行只是幻觉。在单 CPU 机器上多个线程的执行是按某种顺序执行的，这称为线程调度。

10.4.1　线程的优先级

Java 的每个线程都有一个优先级，当有多个线程处于就绪状态时，线程调度程序根据线程的优先级调度线程运行。

可以用下面方法设置和返回线程的优先级。

- public final void setPriority（int newPriority）：设置线程的优先级。
- public final int getPriority（）：返回线程的优先级。

newPriority 为线程的优先级，其取值为 1 到 10 之间的整数，也可以使用 Thread 类定义的常量来设置线程的优先级，这些常量分别为：MIN_PRIORITY、NORM_PRIORITY、MAX_PRIORITY，分别对应于线程优先级的 1、5 和 10，数值越大优先级越高。当创建 Java 线程时，如果没有指定它的优先级，则它从创建该线程那里继承优先级。

一般来说，只有在当前线程停止或由于某种原因被阻塞，较低优先级的线程才有机会运行。

由于大多数计算机仅有一个 CPU，因此线程必须与其他线程共享 CPU。多个线程在单个 CPU 是按某种顺序执行的。实际的调度策略随系统的不同而不同，通常线程调度可以采用两种策略调度处于就绪状态的线程。

（1）抢占式调度策略。Java 运行时系统的线程调度算法是抢占式的。Java 运行时系统支持一种简单的固定优先级的调度算法。如果一个优先级比其他任何处于可运行状态的线程都高的线程进入就绪状态，那么运行时系统就会选择该线程运行。新的优先级较高的线程抢占了其他线程。

（2）时间片轮转调度策略。有些系统的线程调度采用时间片轮转调度策略。这种调度策略是从所有处于就绪状态的线程中选择优先级最高的线程分配一定的 CPU 时间运行。该时间过后再选择其他线程运行。只有当线程运行结束、放弃 CPU 或由于某种原因进入阻塞状态，低优先级的线程才有机会执行。如果有两个优先级相同的线程都在等待 CPU，则调度程序以轮转的方式选择运行的线程。

10.4.2　线程睡眠

线程休眠是使线程让出 CPU 的最简单的做法之一，线程休眠时会将 CPU 资源交给其他线程，以便能轮换执行，当休眠一定时间后，线程会苏醒，进入准备状态等待执行。

线程休眠的方法：Thread.sleep（long millis）和 Thread.sleep（long millis，int nanos），它们均为静态方法，那调用 sleep 休眠的是哪个线程呢？简单地说，哪个线程调用 sleep，就休眠哪个线程。sleep（）允许指定以毫秒为单位的一段时间作为参数，它使得线程在指定的时间内进入阻塞状态，不能得到 CPU 时间，指定时间一过，线程重新进入可执行状态。

10.4.3　线程让步

线程让步的含义就是使当前运行着的线程让出 CPU 资源，但是让给谁并不知道，它仅仅是让出，线程状态回到就绪状态，如图 10.1 所示。

线程的让步使用 Thread.yield（）方法，yield（）为静态方法，功能是暂停当前正在执行的线程对象，并执行其他线程。

yield（）使得线程放弃当前分得的 CPU 时间，但是不使线程阻塞，即线程仍处于就绪状态，随时可能再次分得 CPU 时间。调用 yield（）的效果等价于调度程序认为该线程已执行了足够的时间从而转到另一个线程。

10.5　后台线程

后台线程，即 Daemon 线程，它是一个在背后执行服务的线程，例如操作系统中的隐藏线程，Java 中的垃圾自动回收线程等。若所有的非后台线程结束了，则后台线程也会自动终止。

可以使用 Thread 类中的 setDaemon（）方法来设置一个线程为后台线程，但有一点值得注意：必须在线程启动之前调用 setDaemon（）方法，这样才能将这个线程设置为后台线程。当设置完成一个后台线程后，可以使用 Thread 类中的 isDaemon（）方法来判断线程是否是后台线程，如例程 10.3 所示。

```java
public class DaemonThread extends Thread{
    public DaemonThread(){
        setDaemon(true);
        start();
    }
    public static void main(String[] args){
```

```
        Thread thread=new DaemonThread();
        thread.isDaemon();
    }
}
```

例程 10.3　DaemonThread.java

10.6　线程同步

由于同一进程的多个线程共享同一片存储空间，因此在带来方便的同时，也带来了访问冲突的严重问题。Java 语言提供了专门机制以解决这种冲突，有效避免了同一个数据对象被多个线程同时访问。

10.6.1　不正确的访问资源

由于多个线程共享资源，如果不加以控制可能会产生冲突，如例程 10.4 所示。

```
class Num{
    private int x=0;
    private int y=0;
    void increase(){
        x++;
        y++;
    }
    void testEqual(){
        System.out.println(x+","+y+":"+(x==y));
    }
}
class Counter extends Thread{
    private Num num;
    Counter(Num num){
        this.num=num;
    }
    public void run(){
        while(true){
            num.increase();
        }
    }
```

```java
}
public class CounterTest{

    public static void main(String[] args){

        Num num = new Num();
        Thread count1 = new Counter(num);
        Thread count2 = new Counter(num);
        count1.start();
        count2.start();
        for(int i=0;i<100;i++){
            num.testEqual();
            try{
                Thread.sleep(100);
            }catch(InterruptedException e){ }
        }
    }
}
```

例程 10.4　CounterTest.java

上述程序在 CounterTest 类的 main（）方法中创建了两个线程类 Counter 的对象 count1
和 count2，这两个对象共享一个 Num 类的对象 num。两个线程对象开始运行后，都调用同一
个对象 num 的 increase（）方法来增加 num 对象的 x 和 y 的值。在 main（）方法的 for（）
循环中输出 num 对象的 x、y 值。

程序输出结果有些 x、y 的值相等，大部分 x、y 的值不相等。出现这种情况的原因是：
两个线程对象同时操作一个 num 对象的同一段代码，通常将这段代码段称为临界区（critical
sections）。在线程执行时，可能一个线程执行了 x++语句而尚未执行 y++语句时，而系统调
度另一个线程对象执行 x++和 y++，这时在主线程中调用 testEqual（）方法输出 x、y 的值就
不相等。

10.6.2　对象锁的实现

例程 10.4 的运行结果说明了多个线程访问同一个对象出现了冲突，为了保证运行结果正
确（x、y 的值总是相等），可以使用 Java 语言的 synchronized 关键字来修饰方法。用 synchronized
关键字修饰的方法称为同步方法，Java 平台为每个具有 synchronized 代码段的对象关联一个
对象锁（object lock）。这样任何线程在访问对象的同步方法时，首先必须获得对象锁，然后
才能进入 synchronized 方法，这时其他线程就不能再同时访问该对象的同步方法了（包括其
他的同步方法）。

通常有两种方法实现对象锁：

（1）在方法的声明中使用 synchronized 关键字，表明该方法为同步方法。因此在上面程序中可以在定义 Num 类的 increase（）和 testEqual（）方法时，在它们前面加上 synchronized 关键字，如下所示：

```
synchronized  void increase(){
    x++;
    y++;
}
synchronized  void testEqual(){
    System.out.println(x+","+y+":"+(x==y));
}
```

若一个方法使用 synchronized 关键字修饰后，当一个线程调用该方法时，必须先获得对象锁，只有在获得对象锁以后才能进入 synchronized 方法。一个时刻对象锁只能被一个线程持有。如果对象锁正在被一个线程持有，其他线程就不能获得该对象锁，其他线程就必须等待持有该对象锁的线程释放锁。

如果类的方法使用了 synchronized 关键字修饰，则称该类对象是线程安全的，否则是线程不安全的。

如果只为 increase（）方法添加 synchronized 关键字，结果还会出现 x、y 的值不相等的情况，请考虑为什么？

（2）前面实现对象锁是在方法前加上 synchronized 关键字，这对于我们自己定义的类很容易实现，但如果使用类库中的类或别人定义的类在调用一个没有使用 synchronized 关键字修饰的方法时，又要获得对象锁，此时，可以使用下面的格式：

```
synchronized(object){
//方法调用}
```

假如 Num 类的 increase（）方法没有使用 synchronized 关键字，可以在定义 Counter 类的 run（）方法时按如下方法使用 synchronized 为部分代码加锁。

```
public void run() {
    synchronized (num){
        num.increase();
    }
}
```

同时在 main（）方法中调用 testEqual（）方法也用 synchronized 关键字修饰，这样得到的结果相同。

```
synchronized (num){
    num.testEqual();
}
```

对象锁的获得和释放是由 Java 运行时系统自动完成的。

每个类也可以有类锁。类锁控制对类的 synchronized static 代码的访问。请看下面的例子：

```
public class X{
  static int x, y;
  static synchronized void foo(){
     x++;
     y++;
   }
}
```

当 foo（）方法被调用时（如，使用 X.foo（）），调用线程必须获得 X 类的类锁。

10.6.3 线程间的同步控制

在多线程的程序中，除了要防止资源冲突外，有时还要保证线程的同步。下面通过生产者-消费者模型来说明线程的同步与资源共享的问题。

假设有一个生产者（Producer）和一个消费者（Consumer）。生产者产生 0~9 的整数，将它们存储在仓库（CubbyHole）的对象中并提供打印；消费者从仓库中取出这些整数并将其打印出来。同时要求生产者产生一个数字，消费者取得一个数字，这就涉及两个线程的同步问题。可以通过两个线程实现生产者和消费者，让它们共享 CubbyHole 对象。如果不加控制就得不到预期的结果。

（1）不同步的设计。

首先设计用于存储数据的类，该类的定义如例程 10.5 所示：

```
class CubbyHole{
    private int content;
    public synchronized void put(int value){
        content = value;
    }
    public synchronized int get(){
        return content;
    }
}
```

例程 10.5 CubbyHole.java

CubbyHole 类使用一个私有成员变量 content 来存放整数，put（）方法和 get（）方法用来设置变量 content 值。CubbyHole 对象为共享资源，由 synchronized 关键字修饰。当 put（）方法或 get（）方法被调用时，线程即获得了对象锁，从而可以避免资源冲突。

这样当 Producer 对象调用 put（）方法时，它锁定了该对象，Consumer 对象就不能调用 get（）方法。当 put（）方法返回时，Producer 对象释放了 CubbyHole 的锁。类似地，当 Consumer 对象调用 CubbyHole 的 get（）方法时，它也锁定该对象，防止 Producer 对象调用 put（）方法。

下面看 Producer 和 Consumer 的定义。

Producer 类的定义如例程 10.6 所示。

```java
public class Producer extends Thread{
    private CubbyHole cubbyhole;
    private int        number;
    public Producer(CubbyHole c, int number){
        cubbyhole = c;
        this.number = number;
    }
    public void run(){
        for (int i = 0; i < 10; i++){
            cubbyhole.put(i);
            System.out.println("Producer #" + this.number + " put: " + i);
            try{
                sleep((int) (Math.random() * 100));
            } catch (InterruptedException e){}
        }
    }
}
```

例程 10.6　Producer.java

在 Producer 类中定义了一个 CubbyHole 类型的成员变量 cubbyhole，它用来存储产生的整数，另一个成员变量 number 用来记录线程号。这两个变量通过构造方法传递得到。在该类的 run（）方法中，通过一个循环产生 10 个整数，每产生一个整数，调用 cubbyhole 对象的 put（）方法将其存入该对象中，同时输出该数。

Consumer 类的定义如例程 10.7 所示。

```java
public class Consumer extends Thread {
    private CubbyHole cubbyhole;
    private int number;
    public Consumer(CubbyHole c, int number) {
        cubbyhole = c;
        this.number = number;
    }
    public void run() {
        int value = 0;
        for (int i = 0; i < 10; i++) {
            value = cubbyhole.get();
            System.out.println("Consumer #" + this.number + " got: " + value);
```

```
          }
     }
}
```

例程 10.7   Consumer.java

在 Consumer 类的 run（）方法中也是一个循环，每次调用 cubbyhole 的 get（）方法返回当前存储的整数，然后输出。

例程 10.8 是主程序,在该程序的 main（）方法中创建一个 CubbyHole 对象 c,一个 Producer 对象 p1，一个 Consumer 对象 c1，然后启动两个线程。

```java
public class ProducerConsumerTest {

    public static void main(String[] args) {

        CubbyHole c = new CubbyHole();
        Producer p1 = new Producer(c, 1);
        Consumer c1 = new Consumer(c, 1);
        p1.start();
        c1.start();
    }
}
```

例程 10.8   ProducerConsumerTest.java

该程序中对 CubbyHole 类的设计，尽管使用了 synchronized 关键字实现了对象锁，但这还不够。程序运行可能出现下面两种情况：

① 如果生产者的速度比消费者快，那么在消费者来不及取前一个数据之前，生产者又产生了新的数据，于是消费者很可能会跳过前一个数据，这样就会产生下面的结果：

```
Consumer: 3
Producer: 4
Producer: 5
Consumer: 5
...
```

② 反之，如果消费者比生产者快，消费者可能两次取同一个数据，可能产生下面的结果：

```
Producer: 4
Consumer: 4
Consumer: 4
Producer: 5
...
```

（2）监视器模型。

为了避免上述情况发生，就必须使生产者线程向 CubbyHole 对象中存储数据与消费者线程从 CubbyHole 对象中取得数据同步起来。为了达到这一目的，在程序中可以采用监视器（monitor）模型，同时通过调用对象的 wait（）方法和 notify（）方法实现同步。修改后的 CubbyHole 类的定义，如例程 10.9 所示。

```java
class CubbyHole
{
    private int    content;
    private boolean    available = false;
    public synchronized void put(int value){
        while (available == true){
            try{
                wait();
            } catch (InterruptedException e){}
        }
        content = value;
        available = true;
        notifyAll();
    }
    public synchronized int get(){
        while (available == false){
            try{
                wait();
            } catch (InterruptedException e){}
        }
        available = false;
        notifyAll();
        return content;
    }
}
```

例程 10.9　CubbyHole.java

由上可知，有一个 boolean 型的私有成员变量 available 用来指示内容是否可取。当 available 为 true 时表示数据已经产生还没被取走，当 available 为 false 时表示数据已被取走还没有存放新的数据。

当生产者线程进入 put（）方法时，首先检查 available 的值，若其为 false，才可执行 put（）方法，若其为 true，说明数据还没有被取走，该线程必须等待。因此在 put（）方法中调用 CubbyHole 对象的 wait（）方法等待。调用对象的 wait（）方法使线程进入等待状态，同时释放对象锁。直到另一个线程对象调用了 notify（）或 notifyAll（）方法，该线程才可恢复运行。

类似地，当消费者线程进入 get（）方法时，也是先检查 available 的值，若其为 true，才可执行 get（）方法，若其为 false，说明还没有数据，该线程必须等待。因此在 get（）方法中调用 CubbyHole 对象的 wait（）方法等待。调用对象的 wait（）方法使线程进入等待状态，同时释放对象锁。

上述过程就是监视器模型，其中 CubbyHole 对象为监视器。通过监视器模型可以保证生产者线程和消费者线程同步，结果正确。

注意： wait（）、notify（）和 notifyAll（）方法是 Object 类定义的方法，并且这些方法只能用在 synchronized 代码段中。它们的定义格式如下：

```
public final void wait()

public final void wait(long timeout)

public final void wait(long timeout, int nanos)
```

当前线程必须具有对象监视器的锁，当调用该方法时线程释放监视器的锁。调用这些方法使当前线程进入等待（阻塞）状态，直到另一个线程调用了该对象的 notify（）方法或 notifyAll（）方法，该线程重新进入运行状态，恢复执行。

timeout 和 nanos 为等待时间的毫秒和纳秒，当时间到或其他对象调用了该对象的 notify（）方法或 notifyAll（）方法，该线程重新进入运行状态，恢复执行。

wait（）的声明抛出了 InterruptedException，因此程序中必须捕获或声明抛出该异常。

```
public final void notify()

public final void notifyAll()
```

唤醒处于等待该对象锁的一个或所有的线程继续执行，通常使用 notifyAll（）方法。

在生产者-消费者的例子中，CubbyHole 类的 put（）和 get（）方法就是临界区。当生产者修改它时，消费者不能访问 CubbyHole 对象；当消费者取得值时，生产者也不能修改它。

10.7　线程组

所有 Java 线程都属于某个线程组（thread group）。线程组提供了一个将多个线程组织成一个线程组对象来管理的机制，如可以通过一个方法调用来启动线程组中的所有线程。

10.7.1　创建线程组

线程组是由 java.lang 包中的 ThreadGroup 类来实现的。其构造方法如下：

```
public ThreadGroup(String name)

public ThreadGroup(ThreadGroup parent, String name)
```

其中，name 为线程组名，parent 为线程组的父线程组，若无该参数则新建线程组的父线程组为当前运行的线程的线程组。

当一个线程被创建时，运行时系统都将其放入一个线程组。创建线程时可以明确指定新建线程属于哪个线程组，若没有明确指定则放入缺省线程组中。一旦线程被指定属于哪个线程组，便不能改变和删除。

10.7.2　缺省线程组

如果在创建线程时没有在构造方法中指定所属线程组，运行时系统会自动将该线程放入创建该线程的线程所属的线程组中。那么当创建线程时没有指定线程组，那它属于哪个线程组呢？

当 Java 应用程序启动时，Java 运行时系统创建一个名为 main 的 ThreadGroup 对象。除非另外指定，否则所有新建线程都属于 main 线程组的成员。

在一个线程组内可以创建多个线程，也可以创建其他线程组。一个程序中的线程组和线程构成树型结构，如图 10.2 所示。

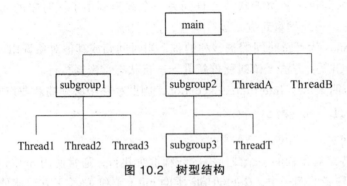

图 10.2　树型结构

创建属于某个线程组的线程可以通过下面构造方法实现：

```
public Thread(ThreadGroup group, Runnable target)
public Thread(ThreadGroup group, String name)
public Thread(ThreadGroup group, Runnable target, String name)
```
如下面代码创建的 myThread 线程属于 myThreadGroup 线程组。

```
ThreadGroup myGroup = new ThreadGroup("My Group of Threads");
Thread myThread = new Thread(myGroup, "a thread for my group");
```
为了得到线程所属的线程组，可以调用 Thread 的 getThreadGroup（）方法，该方法返回 ThreadGroup 对象。可以通过下面方法获得线程所属线程组名：

```
myThread.getThreadGroup().getName()
```

一旦得到了线程组对象，就可查询线程组的有关信息，如线程组中其他线程。也可仅通过调用一个方法实现修改线程组中的线程，如挂起、恢复或停止线程。

10.7.3　线程组的操作

线程组类提供了有关方法以对线程组进行操作。

- public final String getName（）：返回线程组名。
- public final ThreadGroup getParent（）：返回线程组的父线程组对象。
- public final void setMaxPriority（int pri）：设置线程组的最大优先级。线程组中的线程不能超过该优先级。
- public final int getMaxPriority（）：返回线程组的最大优先级。
- public boolean isDestroyed（）：测试该线程组对象是否已被销毁。
- public int activeCount（）：返回该线程组中活动线程的估计数。
- public int activeGroupCount（）：返回该线程组中活动线程组的估计数。
- public final void destroy（）：销毁该线程组及其子线程组对象。当前线程组的所有线程必须已经停止。

第 11 章　数组与字符串

前面大家学习了整型、字符型等基本数据类型，通过其定义的变量称为简单变量。在实际应用中，经常需要处理具有相同性质的一批数据，如要处理 100 个学生的考试成绩，若此时再使用简单变量，将需要 100 个变量，这样极不方便。为此，在 Java 中，除简单变量外，还引进了数组，即用一个变量表示一组相同性质的数据。数组必须先经过声明和初始化后才能被使用。

11.1　一维数组

数组是用一个变量名表示一组数据，每个数据称为数组元素，各元素通过下标来区分。如果用一个下标就能确定数组中的不同元素，这种数组称为一维数组，否则称为多维数组。

11.1.1　一维数组的声明

声明一个数组就是要确定数组名、数组的维数和数组元素的数据类型。
一维数组声明的格式为：

类型标识符　数组名[ ]或 类型标识符[ ]　数组名

其中，类型标识符指定了每个元素的数据类型，如 int 表明数组中的每个元素都是整型数；数组名的命名方法同简单变量，可以是任意合法的标识符，但最好符合"见名知意"的原则；类型标识符可以是任意的基本类型，如 int、long、float 和 double，也可以是类或接口。

例如，要表示学生的成绩（整数），可以声明元素的数据类型为整数的数组 score，其声明格式为："int　score[];"，该声明表示数组的名字为 score，每个元素为整型数。

要表示学生的体重（浮点数），可以声明元素的数据类型为 float 的数组 weight，其声明格式：float[] weight;

11.1.2　一维数组的初始化

声明一个数组仅为数组指定了数组名和元素的数据类型，并未指定数组的元素个数，系统无法为数组分配存储空间。若要让系统为数组分配存储空间，必须指出数组元素的个数，该工作在数组初始化时进行。当数组经过初始化后，其元素的个数、所占用的存储空间就定下来了。数组的初始化工作可以通过 new 操作符完成，也可以通过给元素赋初值进行。

1. 用 new 初始化数组

用 new 关键字初始化数组，只指定数组元素的个数，为数组分配存储空间，并不给数组元素赋初值。通过 new 关键字初始化数组有两种方式：先声明数组再初始化；声明的同时进行初始化。

（1）先声明数组再初始化。先声明数组再初始化可通过两条语句来实现：第一条语句是声明数组，第二条语句用 new 关键字初始化数组。

用 new 关键字初始化数组的格式如下：

数组名 = new 类型标识符[元素个数]；

其中元素个数通过整型常量来表示。

例如：要表示 5 个学生的成绩（整数），可以先声明元素的数据类型为整数 score，再用 new 关键字初始化该数组。

```
int score[];
score=new int[5];
```

数组中各元素通过下标来区分，下标的最小值为 0，最大值比元素个数少 1。对于前面初始化的数组 score，其 5 个元素分别为 score[0]、score[2]、score[3]、score[4]。系统为数组的 5 个元素分配的存储空间形式如图 11.1 所示。

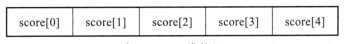

| score[0] | score[1] | score[2] | score[3] | score[4] |

表 11.1 一维数组

由此可知，各元素的元素空间是连续的。初始化数组后，如果想知道其元素个数，可以通过属性 length 获得。其格式为：

数组名.length

例如，对于前面初始化的数组 score，score.length 值为 5。

数组下标可以使用变量，所以数组与循环语句结合使用，使得程序书写简洁，操作方便。例如，要计算 100 个学生的平均成绩，可以使用以下的程序段：

```
float sum;
int i;
int score[];
score=new int[100];
sum=0;
for(i=0;i<100;i++)
    sum=sum+score[i];
sum=sum/100;
```

（2）声明的同时进行初始化。可以用一条语句声明并初始化数组，即将上面的两条语句合并为一条语句。其格式如下：

类型标识符[] 数组名 = new 类型标识符[元素个数]

例如，要表示 10 个学生的学号，可以按以下方法声明并初始化数组 no：

```
int  no[] = new  int[10];
```

2. 赋初值初始化数组

可以在声明数组的同时，给数组元素赋初值。所赋初值的个数决定了数组元素数目。其格式如下：

· 类型标识符　数组名 = {初值表}；

初值表是用逗号隔开的初始值，如：

```
int score[] = {65, 34, 78, 81, 56, 92, 56, 87, 90, 77};
```

该语句声明了一个数组 score，其元素类型为 int，因为初始值的个数为 10，因此数组有 10 个元素，并且 10 个元素 score[0]、score[1]、score[2]、…、score[9]的初始值分别为 65、34、78、…、77。

11.2　多维数组

日常工作中涉及的许多数据是由若干行和若干列组成，例如行列式、矩阵、二维表格等，为了描述和处理这些数据，需要两个下标：行标和列标。有些情况下，需要三个或多个下标，如描述三维空间中各点的温度需要三个下标。为了解决这类问题，在 Java 中可以使用多维数组，即每个元素需要两个或多个下标来描述。像一维数组一样，多维数组在使用前也必须进行声明和初始化，且声明和初始化的方法与一维数组类似。下面以二维数组为例说明多维数组的使用方法，三维或三维以上的数组用法类似。

11.2.1　二维数组的声明

二维数组的声明方法与一维数组类似，只是要给出两对方括号。二维数组声明形式如下：

类型标识符　数组名[][] 或 类型标识符[][]　数组名

其中，类型标识符表示每个元素的数据类型，如 int、long、float 和 double，也可以是类或接口；数组名的命名方法同简单变量，可以是任意合法的标识符，最好符合"见名知意"的原则。

对于多维数组，只需在数组名或类型标识符的后面放置多对方括号。

例如，要表示每个数据为整型数的行列式，可以声明二维数组：

```
int  a[][];
```

11.2.2　二维数组的初始化

声明一个二维数组仅为数组指定了数组名和元素的数据类型，并未指定数组的行数和列数，因此系统无法为数组分配存储空间。要让系统为数组分配存储空间，必须指出数组的行数和列数，该工作是在数组初始化时进行的。二维数组经过初始化后，其元素的个数、所占的存储空间就确定下来了。数组的初始化可以通过 new 操作符完成，也可以通过给元素赋初值进行。

1. 用 new 初始化二维数组

用 new 关键字初始化二维数组，只指定数组行数和列数，为数组分配存储空间，并不给数组元素赋初值。通过 new 关键字初始化数组有两种方式：先声明数组再初始化；在声明的同时进行初始化。

（1）先声明数组再初始化。先声明数组再初始化是通过两条语句来实现的：第一条语句声明数组，第二条语句用 new 关键字初始化数组。

用 new 关键字初始化数组的格式如下：

数组名 = new 类型标识符 [行数] [列数]；

其中，行数和列数通过整型常量来表示。元素的个数等于行数与列数的乘积。

例如，要表示每个数据为整型数的三行、四列的行列式，可以先声明元素的数据类型为整型的数组 a，再用 new 关键字初始化该数组。

```
int  a[][];

a = new int[3][4];
```

数组中各元素通过两个下标来区分，每个下标的最小值为 0，最大值分别比行数和列数少 1。对于前面初始化的数组 a，其 12 个元素分别为 a[0][0]、a[0][1]、a[0][2]、a[0][3]、a[1][0]、a[1][1]、…、a[2][3]。系统为该数组的 12 个元素分配存储空间，各元素的存储空间是连续的。

初始化数组后，如果想知道行数和列数，可以通过属性 length 获得：

数组名.length

获取数组列数格式为：

数组名 [行标].length

二维数组的下标可以使用变量，因此二维数组与循环语句结合使用，使得程序书写简洁，操作方便。

在 Java 中，二维数组是作为一维数组来处理的，只是其每个元素本身又是个一维数组。例如前面初始化的数组 a 可以看做一维数组，共有 3 个元素 a[0]、a[1] 和 a[2]，只不过每个元素本身又是一个一维数组。a[0] 的 4 个元素分别是 a[0][0]、a[0][1]、a[0][2] 和 a[0][3]，a[1] 的 4 个元素分别是 a[1][0]、a[1][1]、a[1][2] 和 a[1][3]，a[2] 的 4 个元素分别是 a[2][0]、a[2][1]、a[2][2] 和 a[2][3]。

由于 Java 将二维数组当做一维数组来处理，所以在进行初始化的时候，可以各行单独进行，也允许各行的元素个数不同。

例如，要表示实型数的两行、三列的数组 b，可以按以下方式进行声明和初始化：

```
float[][]  b;

b = new  float[2][];         //将 b 初始化为两行二维数组

b[0] = new  float[3];        //将 b[0] 初始化三个元素

b[1] = new  float[3];        //将 b[1] 初始化三个元素
```

再如，要使用具有三行元素，第一行 1 个元素、第二行 3 个元素、第三行 5 个元素的二维数组 c，可按以下方式进行声明和初始化：

```
int  c[][];
```

```
c = new  int[3][];              //将 c 初始化为三行二维数组
for (int i = 0;i<3;i++)
c[i] = new  int[2*i+1];
```

（2）声明的同时进行初始化。可以用一条语句声明并初始化二维数组，即将上面的两条语句合并为一条语句。其格式如下：

    类型标识符　数组名[][] = new　类型标识符[行数][列数]

或

    类型标识符[][]　数组名 = new　类型标识符[行数][列数]

    例如，要声明并初始化前面的数组 a，可按以下方式进行：

```
int a[][] = new  int[3][4];
```

2. 赋初值初始化数组

可以在声明二维数组的同时，给数组元素赋初值。通过赋初值的组数和每组的个数决定二维数组的行数和每行元素的数目。其格式如下：

    类型标识符　数组名[][] = {{初值表},{初值表},…,{初值表}}

每个初值表是用逗号隔开的初始值，数组后的一对方括号也可以移到类型标识符的后面。例如：

```
int grade[][] = {{65, 34, 78}, {81, 56, 92}, {56, 87, 90}, {92, 69, 75}};
```

该语句声明了一个二维数组 grade，其元素类型为 int。因为初始值分为四组，所以 grade 有四行元素。每组的初值个数均为 3，说明 grade 每行有 3 个元素，因此数组 grade 共有 12 个元素。

11.3　数组的基本操作

对数组的操作主要是对数组元素的操作。数组元素的下标可以使用变量，将其与循环语句结合起来使用，可以发挥巨大作用。

11.3.1　数组的引用

对数组的引用，通常是对其元素的引用。数组元素的引用方法是在数组名后面的括号中指定其下标。数组元素几乎能出现在基本变量可以出现的任何情况下，如可以被赋值和打印，可以参与表达式的计算。例如：

```
int age[];
age=new int[3];
age[1]=23;
age[2]=2+age[1];
```

11.3.2　数组的复制

要将一个数组各元素的值复制到另外一个数组中，可以通过循环语句，逐个元素进行赋值，也可以直接将一个数组的各元素值赋给另一个数组的对应元素。例如：

```
int c[][],d[][],e[][],i,j;
    c=new int[3][3];
    d=new int[3][3];
    e=new int[3][3];
    for(i=0;i<3;i++){
        for(j=0;j<3;j++){
            d[i][j]=i+j;
            c[i][j]= d[i][j];
        }
    }
    e=d;
```

本例中，通过循环语句给数组 d 的各元素赋值，接着将 d 的各元素的值赋给 c 的各元素，即 c 数组和 d 数组对应元素值相等。最后一个赋值语句直接将数组 d 赋给数组 e，也实现了将数组各元素的值赋给数组 e 各元素的功能。进行复制的两个数组具有相同的维数，且各维元素的个数相同。事实上，通过逐个元素赋值的方法可以在不同维数和大小的数组之间进行复制，直接数组赋值只能在维数相等的两个数组之间进行。

11.3.3　数组的输出

数组的输出通常通过逐个元素结合循环语句来实现。例如：

```
int a[],i;
  a=new int[3];
  for(i=0;i<a.length;i++){
      a[i]=i;
      System.out.println(a[i]);
  }
```

以上程序段的功能是首先给数组 a 的各元素分别赋 0、1 和 2，然后分别在 3 行输出其各元素的值。

例程 11.1 展示了一维数组的复制操作。

```
public class ArrayCopy{

    public static void main(String args[]){
```

```java
        int a[],b[],i,j;
        a=new int[3];
        b=new int[5];
        System.out.println("a.length="+a.length);
        for(i=0;i<a.length;i++){
            a[i]=i;
            System.out.print(a[i]+" ");
        }
        System.out.println();
        System.out.println("Before array assignment");
        System.out.println("b.length="+b.length);
        for(j=0;j<b.length;j++){
            b[j]=j*10;
            System.out.print(b[j]+" ");
        }
        System.out.println();
        b=a;
        System.out.println("After array assignment");
        System.out.println("b.length="+b.length);
        for(j=0;j<b.length;j++){
            System.out.print(b[j]+" ");
        }
        System.out.println();
    }
}
```

例程 11.1   ArrayCopy.java

第一个循环语句分别给数组 a 的 3 个元素赋值 0、1 和 2，并将各元素的值输出在同一行。

第二个循环语句分别给数组 b 的 5 个元素赋值 0、10、20、30 和 40，并将各元素的值输出在同一行。

通过语句"b = a;"，将数组 a 赋给 b，使得 b 的元素个数和 a 的元素个数相等，并将 a 的各元素赋给 b 的对应元素。

例程 11.2 展示了二维数组的复制操作。

```java
public class ArrayCopy{

    public static void main(String args[]){
```

```java
int c[][],d[][],i,j;
c=new int[2][2];
d=new int[3][3];
System.out.println(" Array d");
for(i=0;i<d.length;i++){
    for(j=0;j<d[i].length;j++){
        d[i][j]=i+j;
        System.out.print(d[i][j]+" ");
    }
    System.out.println();
}
c=d;
System.out.println(" Array c");
for(i=0;i<c.length;i++){
    for(j=0;j<c[i].length;j++){
        c[i][j]=i+j;
        System.out.print(c[i][j]+"  ");
    }
    System.out.println();
}
}
}
```

例程 11.2　ArrayCopy.java

第一个循环语句分别给数组 d 的 9 个元素赋值,并将各元素的值分行输出。

通过语句 "c = d;" 将数组 d 赋给 c,使得 c 的元素个数和 d 的元素个数相等,并将 d 的各元素赋给 c 的对应元素。虽然数组 c 被初始化为指向两行两列,但 d 被初始化为指向三行三列,因此执行语句 "c = d;" 后,数组 c 变为指向三行三列。d.length 的值为数组 d 的行数,d[i].length 的值为第 i 行元素的个数。

11.4　数组的应用举例

数组是 Java 中重要的数据结构,是程序设计课程的重要部分。排序是将一组数按照递增或递减的顺序排列。排列方法有很多,其中最基本的是选择法,其基本思想如下:

(1)对于给定的 n 个数,从中选出最小(大)的数,与第 1 个数交换位置,便将最小(大)的数置于第 1 个位置。

（2）对于除第 1 个数外的剩下的 n-1 个数，重复步骤（1），将次小（大）的数置于第 2 个位置。

（3）对于剩下的 n-2，n-3，…，n-n＋2 个数用同样的方法，分别将第 3 个最小（大）数置于第 3 位置，第 4 个最小（大）数置于第 4 位置，…。

假定有 7 个数：7，4，0，6，2，5，1。根据该思想，对其按递增顺序排列，需要进行 6 轮选择和交换过程：

第 1 轮：7 个数中，最小数是 0，与第 1 个数 7 交换位置，结果为：

0　4　7　6　2　5　1

第 2 轮：剩下 6 个数中，最小数是 1，与第 2 个数 4 交换位置，结果为：

0　1　7　6　2　5　4

第 3 轮：剩下 5 个数中，最小数是 2，与第 3 个数 7 交换位置，结果为：

0　1　2　6　7　5　4

第 4 轮：剩下 4 个数中，最小数是 4，与第 4 个数 6 交换位置，结果为：

0　1　2　4　7　5　6

第 5 轮：剩下 3 个数中，最小数是 5，与第 5 个数 7 交换位置，结果为：

0　1　2　4　5　7　6

第 6 轮：剩下 2 个数中，最小数是 6，与第 6 个数 7 交换位置，结果为：

0　1　2　4　5　6　7

可见，对于 n 个待排序的数，要进行 n-1 轮的选择和交换过程。其中第 i 轮的选择和交换过程中，要进行 n-i 次的比较才能选择出该轮中最小（大）的数。

根据前面的分析，可以编写对 n 个整数进行升序排序的程序，如例程 11.3 所示。

```java
public class ArraySort{

    public static void main(String args[]) throws IOException{

        BufferedReader keyin=new BufferedReader(new
                            InputStreamReader(System.in));
        int a[],i,j,k,temp;
        String c;
        System.out.println("Input the number of array ");
        c=keyin.readLine();
        temp=Integer.parseInt(c);
        a=new int[temp];
    System.out.println("Input "+temp+" numbers!");
        for(i=0;i<a.length;i++){
            c=keyin.readLine();
            a[i]=Integer.parseInt(c);
        }
```

```
System.out.println("After sorting");
for(i=0;i<a.length;i++){
    k=i;
    for(j=i+1;j<a.length;j++){
        if(a[j]<a[k]) k=j;
    }
    temp=a[i];
    a[i]=a[k];
    a[k]=temp;
}


for(i=0;i<a.length;i++){
    System.out.println(a[i]);
    }
  }
}
```

例程 11.3　ArraySort.java

定义变量 keyin 的目的是在程序运行过程中通过键盘输入数据，其功能在后面介绍。后面的语句 c = keyin.readLine（）是将通过键盘输入的一行字符串保存到变量 c 中。语句 temp = Integer.parseInt（c）的功能是将变量 c 中所存的字符串转换成整型数。

第一个循环语句给数组 a 的各元素输入值，第二个循环语句是个二重循环，对数组 a 进行排序，第三个循环语句输出排序后数组各元素的值。

在排序的第 i 轮循环中，用变量 k 记录该轮中最小数的下标。待该轮循环结束后，将第 i 个元素和第 k 个元素的值交换，从而实现将第 i 个最小数置于第 i 位置的目的。

11.5　数组参数

在 Java 方法中，允许参数是数组。在使用数组参数时，应注意：

（1）在形参表中，数组名后的括号不能省略，括号个数和数组的维数相等，不需给出数组元素的个数。

（2）在实参表中，数组名不需括号。

（3）数组名作实参时，传递的是地址而不是值，即形参和实参具有相同的存储单元。

例如，定义以下过程：

```
void  f（int a[]）

{   }
```

方法 f 有一个一维数组参数 a，在形参表中，只需列出数组参数 a 的名字以及后面的方括号。

如果已经定义了数组 b，可以通过语句 f（b）调用该方法。在调用该方法时，就将数组 b 传递给数组 a。因为是传址方式，所以将数组 b 的地址传递给数组 a，因而数组 a 与数组 b 共享相同的存储单元，因此在方法 f 中若对数组 a 的某一元素值进行了更改，也就是对数组 b 的元素进行了修改。当方法结束后，数组 b 将修改的结果传回到调用过程。

例程 11.4 展示了数组元素参数传递的方法。

```java
public class ArrayTest{

    public static void main(String args[]){

        int c[]={1,10,100,1000};
        int j;
        for(j=0;j<c.length;j++){
            System.out.print(c[j]+"    ");
        }
        System.out.println();
        elementMultiply(c[2]);
        for(j=0;j<c.length;j++){
            System.out.print(c[j]+"    ");
        }
        System.out.println();
    }
    static void elementMultiply(int d){
        d=2*d;
        System.out.println("d="+d);
    }
}
```

例程 11.4 ArrayTest.java

在方法 elementMultiply（）中唯一的形参是一个简单变量 d，其功能是将参数 d 的值扩大 2 倍并输出。

在方法 main（）中声明了一维数组 a，并为其 4 个元素分别赋初值 1、10、100、1000。接着输出数组各元素的值。再通过语句"elementMultiply（c[2]）;"以 c[2]作为实参调用方法 elementMultiply。由于 c[2]传递的值是 100，形参 d 和实参 c[2]拥有不同的存储空间，因此方法 elementMultiply 仅将 d 的值扩大了 2 倍，变为 200，实参 c[2]的值仍然保持 100。在 main（）的最后再输出数组 c 各元素的值，其结果与调用 elementMultiply 之前完全相同。

11.6　字符串

字符串是字符组成的序列，是编程中常用的一种数据类型。字符串可用来表示标题、名称、地址等。

11.6.1　字符数组与字符串

字符数组是指数组的每个元素为字符类型的数组。对于标题、名称等由字符组成的序列可使用字符数组来描述。例如要表示字符串"China"，可以使用如下的字符数组：

```
char[] country = {'C', 'h', 'i', 'n', 'a'};
```

字符串中所包含的字符个数称为字符串的长度，如"China"的长度为 5。若要表示长度为 50 的字符串，虽然可以使用如下的字符数组：

```
char[] title = new char[50];
```

但由于字符个数太多，致使数组元素太多，使用起来极不方便。为此，Java 提供了 String 类，通过建立 String 类的对象来使用字符串特别方便。

11.6.2　字符串

像整型等基本数据类型的数据有常量和变量之分一样，字符串也分为常量与变量。字符串常量是指其值保持不变的量，它位于一对双引号之间，如"Study hard"。事实上，在前面已经多次使用了字符串常量，如例程 11.3 中语句"System.out.println（"Input the number of array"）；"中的"Input the number of array"就是字符串常量。

（1）字符串变量的声明和初始化：要使用字符串变量，可以通过 String 类来实现。首先声明并初始化 String 类对象，其方法与建立其他类对象的方法类似，格式如下：

```
String 字符串变量；
字符串变量 = new String（）；
```

也可以将两条语句合并为一条语句，格式如下：

```
String 字符串变量 = new String（）；
```

例如，声明并初始化字符串 s 的方式为：

```
String s；
S = new String（）；
```

或

```
String s = new String（）；
```

（2）字符串赋值：在声明并初始化字符串变量之后，便可以为其赋值：可以为其赋值一个字符串变量，也可以将一个字符串变量或表达式的值赋给字符串变量。例如：以下的语句序列表示为字符串变量 s1、s2 和 s3 赋值。

```
s1 = "Chinese people";
s2 = s1;
s3 = "a lot of" + s2;
```

结果 s2 的值为"Chiness people"，s3 的值为"a lot of Chiness people"。其中运算符"+"的作用是将前后两个字符串连接起来。

（3）字符串输出：字符串可以通过 println（）和 print（）语句输出。如例程 11.5 所示。

```
public class StringUse{

    public static void main(String args[]){

        String s1,s2;
        s1=new String("Students should ");
        s2=new String();
        s2="study hard.";
        System.out.print(s1);
        System.out.println(s2);
        s2="learn english, too";
        System.out.print(s1);
        System.out.println(s2);
        s2=s1+s2;
        System.out.println(s2);
    }
}
```

例程 11.5　StringUse.java

11.6.3　字符串的操作

在 Java 中是通过 String 类来使用字符串的，String 类中有很多成员方法，通过这些成员方法可对字符串进行操作。

1. 访问字符串对象

下面介绍用于访问字符串对象的几个常用成员方法。在以下的介绍中，将使用字符串变量 s，其值为"I am a student."。

（1）length（）方法。功能是返回字符串的长度，返回值的数据类型为 int。例如，s.length（）的值为 15，包括其中的 3 个空格和最后的句号。

（2）char charAt（int index）方法。功能是返回字符串中第 index 个字符，即根据下标取字符串中的特定字符，返回值的数据类型为 char。例如，s.charAt（0）和 s.charAt（7）的值分别是 I 和 s。可见最前面一个字符的序号为 0。

（3）int indexOf（int ch）方法。功能是返回字符串中字符 ch 第一次出现的位置，返回值的数据类型为 int。例如，s.indexOf（'a'）的值为 2，即 a 第一次出现在第 2 个位置。如果字符串中没有指定的字符 ch，返回值为 – 1。例如，s.indexOf（'A'）的值为 – 1。可见字符串中字符的大小写是有区别的。

（4）int indexOf（String str，int index）方法。该方法的返回值是在该字符串中，从第 index 个位置开始，子字符串 str 第一次出现的位置，因此返回值的数据类型为 int。如果从指定位置开始，没有对应的子字符串，则返回值为 – 1。例如，s.indexOf（'stu'，0）的值为 7，但 s.indexOf（'stu'，9）的值为 – 1。

（5）subString（int index1，int index2）方法。该方法的返回值是在该字符串中，从第 index1 个位置开始，到第 index2-1 个位置结束的子字符串，返回值的数据类型为 String。例如，s.subString（7，13）值为"studen"。如果将 index2 省略，返回值是从第 index1 个位置开始，直到结束位置的子字符串。例如，s.subString（7）值为"student."。

2. 字符串比较

字符在计算机中是按照 Unicode 编码存储的。存储字符串实际上是存储其中每个字符的 Unicode 编码。两个字符串的比较实际上是字符串中对应字符编码的比较。

两个字符串比较时，从首字符开始逐个向后比较对应字符。如果发现了一对不同的字符，比较过程结束。该对字符的大小关系便是两个字符串的大小关系。只有当两个字符串包含相同个数的字符，且对应位置的字符也相等（包括大小写），两个字符串才相等。

例如："abxd"大于"abfd"，因为第一对不同的字符是"x"和"f"，而"x"大于"f"；"xYuv"小于"xy"，因为第一对不同的字符是"Y"和"y"。而"Y"小于"y"；"teacher"等于"teacher"，因为两者长度相等，并且对应字符相等。

下面介绍用于进行字符串比较的几个常用的成员方法。下面介绍将使用字符串变量 s，其值为"student"。

（1）equals（Object obj）。功能是将该字符串与 obj 表示的字符串进行比较，如果两者相等，其返回值为布尔型值 true，否则为布尔型值 false。例如，s. equals（"Student"）的值为 false，因为大小写字符是不等的，而 s. equals（"student"）的值为 true。

（2）equalsIgnoreCase（String str）。功能是将该字符串与 str 表示的字符串进行比较，但比较时不考虑字符的大小写。如果在不考虑字符大小写的情况下两者相等，方法的返回值为布尔型值 true，否则为布尔型值 false。例如，s. equalsIgnoreCase（"Student"）的值为 true，因为该方法不考虑字符的大小写，即认为大写字符"S"和小写字符"s"是相等的。

（3）compareTo（String str）。功能是将该字符串与 str 表示的字符串进行大小比较，返回值为 int 型。如果该字符串比 str 表示的字符串大，返回正值；如果比 str 表示的字符串小，返回负值；如果两者相等，返回 0。实际上，返回值的绝对值等于两个字符串中第一对不相等字符的 Unicode 码差值。例如，s. compareTo（"five students"）的值为正，而 s. compareTo（"two students"）为负，s. compareTo（"students"）的值为 0。

3. 与其他数据类型的转换

可以将 String 类型数据与 int、long、float、double、boolean 等类型数据进行相互转换。

（1）将 int、long、float、double、boolean 等基本类型数据转换为 String 型的方法是：String.valueOf（基本类型数据）

例如，String.valueOf（123）的值是字符串"123"，String.valueOf（0.34）的值是字符串"0.34"，String.valueOf（true）的值是字符串"true"。

注意：方法 String.valueOf（基本类型数据）的返回值是 String 型，即字符串型。

（2）将字符串型数据转换为其他基本类型的方法如表 11.1 所示。

表 11.1   数据类型转换

方　　法	返回值类型	返回值
Boolean（"true"）.booleanValue（）	boolean	true
Integer.parseInt（"123"）	int	123
Long.parseLong（"375"）	long	375
Float.parseFloat（"345.23"）	float	345.23
Double.parseDouble（"67892.34"）	double	67892.34

11.6.4　字符串数组

如果要表示一组字符串，可以通过字符串数组来实现。例如，要表示中国的四个直辖市的英文名称可以采用如下的字符串数组：

```
String[] str=new String[4];
str[1]="Beijing";
str[2]="Shanghai";
str[3]="Tianjin";
str[4]="Chongqing";
```

大家可能已经注意到 main（）方法有一个形参 args[]，其类型是字符串数组。该参数的功能是接收运行程序时通过命令行输入的各参数。

例程 11.6 展示了命令行参数的输入和接收方法。

```
public class StringArray{

    public static void main(String args[]){

        int i;
        for(i=0;i<args.length;i++)
            System.out.println(args[i]);
    }
}
```

例程 11.6   StringArray.java

该程序的功能是通过循环语句逐个输出数组 args 各元素的值，即通过命令行输入的各参数。

第 12 章　Java 集合

12.1　集合概述

12.1.1　集合简介

到目前为止，我们已经学习了如何创建多个不同的对象，当定义了这些对象以后，我们就可以利用它们来做一些有意义的事情。

举例来说，假设要存储许多雇员，不同雇员的区别仅在于雇员的身份证号，因此可以通过身份证号来顺序存储每个雇员，但在内存中如何实现呢？是不是要准备足够的内存来存储 1 000 个雇员，然后再将这些雇员逐一插入？如果已经插入了 500 条记录，这时需要插入一个身份证号较低的新雇员，该怎么办？是在内存中将 500 条记录全部下移后，再从头插入新的记录？还是创建一个映射来记住每个对象的位置？当存储对象的集合时，大家必须考虑这些问题。

对于对象集合，必须执行的操作主要有以下三种：添加新的对象、删除对象、查找对象。

我们必须确定如何将新的对象添加到集合中，可以将对象添加到集合的末尾、开头或者中间的某个逻辑位置。

从集合中删除一个对象后，对象集合中现有对象会有什么影响呢？可能必须将内存移来移去，或者就在现有对象所驻留的内存位置留下一个"洞"。

在内存中建立对象集合后，必须确定如何定位特定对象。可通过建立一种机制，利用该机制可根据某些搜索条件（例如身份证号）直接定位到目标对象。否则，便需要遍历集合中的每个对象，直到找到要查找的对象为止。

前面大家已经学习了数组，数组的作用是存取一组数据，但是它却存在一些缺点，因此我们无法使用它来比较方便快捷地完成上述应用场景的要求。

（1）首先，在多数情况下，我们需要能够存储一组数据的容器，这一点虽然数组可以实现，但是如果所要存储的数据的个数并不确定（比如：我们需要在容器里面存储某个应用系统当前所有的在线用户信息，而当前的在线用户信息可能时刻都在变化)，若再使用数组就显得十分笨拙。也就是说，此时需要一种存储数据的容器，它能够自动改变这个容器所能存放数据数量的大小。

（2）其次，我们再假设这样一种场景：假定一个购物网站，经过一段时间的运行，它已经存储了一系列的购物清单，其中购物清单中有商品信息。若我们需要一个容器能够自动过滤掉购物清单中的关于商品的重复信息，此时使用数组也是很难实现的。

（3）最后，我们经常会遇到这种情况：知道某个人的账号名称，希望能够进一步了解这个人的其他一些信息。如我们在一个地方存放一些用户信息，希望能够通过用户的账号来查找到对应的该用户的其他一些信息。再如，假设我们希望使用一个容器来存放单词以及对于这个单词的解释，而当我们想要查找某个单词的意思时，希望能够根据提供的单词在这个容器中找到对应的单词解释。此时若使用数组来实现的话，就更加困难了。

为解决上述问题，Java 里设计了容器集合，不同的容器集合以不同的格式保存对象。

12.1.2　数学背景

在常见用法中，集合（collection）与数学上直观的集（set）概念是相同的。集是一个唯一项组，也就是说组中没有重复项。实际上，"集合框架"包含了一个 Set 接口和许多具体的 Set 类。但正式的集概念却比 Java 技术提前了一个世纪，那时英国数学家 George Boole 按逻辑正式定义了集的概念。大部分人在小学时通过维恩图引入的"集的交"和"集的并"学到过有关集的一些理论。

集的基本属性：集内只包含每项的一个实例；集可以是有限的，也可以是无限的；可以定义抽象概念。

集不但是逻辑学、数学和计算机科学的基础，而且对于商业和系统的日常应用来说也很实用。"连接池"这个概念就是数据库服务器的一个开放连接集。Web 服务器必须管理客户机和连接集。文件描述符提供了操作系统中另一个集的示例。

映射是一种特别的集。它是一种对（pair）集，每个对表示一个元素到另一元素的单向映射。一些映射示例有：IP 地址到域名（DNS）的映射、关键字到数据库记录的映射、字典（词到含义的映射）、二进制到十进制转换的映射。就像集一样，映射背后的思想比 Java 编程语言早得多，甚至比计算机科学还早。而 Java 中的 Map 只是映射的一种表现形式。

12.1.3　集合的分类

大家既然已经具备了一些集的理论，应该能够更轻松地理解"集合框架"。"集合框架"由一组用来操作对象的接口组成。不同接口描述了不同类型的组。在很大程度上，一旦理解了接口，就理解了框架。虽然我们总要创建接口特定的实现，但访问实际集合的方法应该限制在接口方法的使用上，因此，允许我们更改基本的数据结构而不必改变其他代码。

Java 容器类类库的用途是"保存对象"，可将其划分为两个不同的概念：

（1）Collection：一组对立的元素，通常这些元素都服从某种规则。

（2）Map：一组成对的"键值对"对象。初看起来这似乎应该是一个 Collection，其元素是成对的对象，但是这样的设计实现起来太笨拙了。另一方面，如果使用 Collection 表示 Map 的部分内容，会便于查看此部分内容。因此 Map 一样容易扩展成多维 Map，无需增加新的概念，只要让 Map 中的键值对的每个"值"也是一个 Map 即可。

Collection 和 Map 的区别在于容器中每个位置保存的元素个数。Collection 每个位置只能保存一个元素（对象）。此类容器包括：List，它以特定的顺序保存一组元素；Set 则是元素不能重复。Map 保存的是"键值对"，就像一个小型数据库，用户可以通过"键"找到该键对应的"值"。

除了以上四个历史集合类外，Java 2 框架还引入了六个集合实现，如表 12.1 所示。

表 12.1

接　口	实　现	历史集合类
Set	HashSet	
	TreeSet	
List	ArrayList	Vector
	LinkedList	Stack
Map	HashMap	Hashtable
	TreeMap	Properties

这里没有 Collection 接口的实现，接下来我们再来看一下下面这张关于集合框架的大图，如图 12.1 所示。

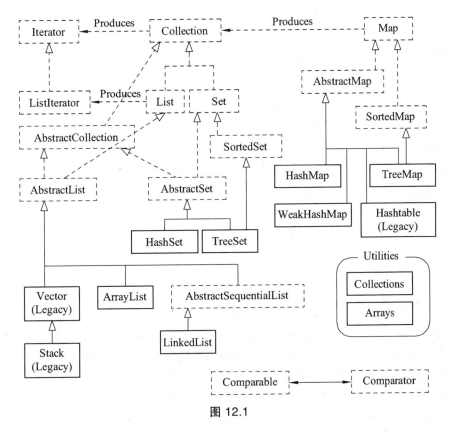

图 12.1

这张图虽然很复杂，但熟悉之后就会发现其实只有三种容器：Map、List 和 Set，它们各自有两、三个实现版本。常用的容器用黑色粗线框表示。点线方框代表"接口"，虚线方框代表抽象类，而实线方框代表普通类（即具体类，而非抽象类）。空心箭头指出一个特定的类实现了一个接口（在抽象类的情况下，则是"部分"实现了那个接口）。实心箭头指出一个类可生成箭头指向的那个类的对象。例如任何集合（Collection）都能产生一个迭代器（Iterator），而一个 List 除了能生成一个 ListIterator（列表迭代器）外，还能生成一个普通迭代器，因为 List 正是从集合继承来的。

12.2　Collection

12.2.1　常用方法

Collection 接口用于表示任何对象或元素组。想要尽可能以常规方式处理一组元素时，就使用该接口。通过图 12.1 可知，Collection 是 List 和 Set 的父类，并且它本身也是一个接口，定义了作为集合所应该拥有的一些方法。

Collection 接口支持添加、除去等基本操作。设法除去一个元素时，如果这个元素存在，除去的仅仅是集合中此元素的一个实例，方法如下：

```
boolean add(Object element)
boolean remove(Object element)
```

Collection 接口还支持查询操作，方法如下：

```
int size()
boolean isEmpty()
boolean contains(Object element)
Iterator iterator()
```

Collection 接口支持的其他操作，要么是作用于元素组的任务，要么是同时作用于整个集合的任务，方法如下：

```
boolean containsAll(Collection collection)
boolean addAll(Collection collection)
void clear()
void removeAll(Collection collection)
void retainAll(Collection collection)
```

其中，containsAll（）方法查找当前集合是否包含了另一个集合的所有元素，即另一个集合是否为当前集合的子集。addAll（）方法确保另一个集合中的所有元素都被添加到当前的集合中，通常称为并。clear（）方法从当前集合中除去所有元素。removeAll（）方法类似于 clear（），但只除去了元素的一个子集。retainAll（）方法类似于 removeAll（）方法，不过它所做的与前面正好相反，即它从当前集合中除去不属于另一个集合的元素。

例程 12.1 简单说明了集合的使用方法。

```java
public class CollectionToArray {

    public static void main(String[] args) {
```

```
        Collection collection1=new ArrayList();
        collection1.add("000");
        collection1.add("111");
        collection1.add("222");
        System.out.println("集合collection1的大小: "+collection1.size());
        System.out.println("集合collection1的内容: "+collection1);
        collection1.remove("000");
        System.out.println("集合collection1移除 000 后的内容: "+collection1);
        System.out.println("集合collection1中是否包含000 : "+collection1.
contains("000"));
        System.out.println("集合collection1中是否包含111 : "+collection1.
contains("111"));
        Collection collection2=new ArrayList();
        collection2.addAll(collection1);
        System.out.println("集合collection2的内容: "+collection2);
        collection2.clear();
        System.out.println("集合collection2是否为空: +collection2.isEmpty());
        Object s[]= collection1.toArray();
        for(int i=0;i<s.length;i++){
            System.out.println(s[i]);
        }
    }
}
```

例程 12.1　CollectionToArray.java

注意：Collection 仅仅是一个接口，定义了所有属于集合的类所应该具有的一些方法。而我们真正使用时需要创建该接口的一个实现类，ArrayList（列表）类就是集合类的一种实现方式。

因为 Collection 的实现基础是数组，所以有转换为 Object 数组的方法如下：

```
Object[] toArray()
Object[] toArray(Object[] a)
```

其中第二个方法 Object[] toArray（Object[] a）的参数 a 应该是集合中所有存放的对象的类的父类。

12.2.2　迭代器

任何容器类，都必须有某种方式可以将东西放进去，然后由某种方式将东西取出来的功能。毕竟存放事物是容器最基本的工作。对于 ArrayList，add（）是插入对象的方法，而 get

（）是取出元素的方式之一。ArrayList 很灵活，可以随时选取任意的元素，或使用不同的下标一次选取多个元素。

如果从更高层的角度思考，会发现这里有一个缺点：要使用容器，必须知道其中元素的确切类型。初看起来这没有什么不好的，但是考虑如下情况：如果原本是 ArrayList，但是后来考虑到容器的特点，想换用 Set，应该怎么做？或者打算写通用的代码，它们只是使用容器，不知道或者说不关心容器的类型，那么如何才能不重写代码就可以应用于不同类型的容器？

迭代器（Iterator）就是为达成此目的而形成的。由于 Collection 不提供 get（）方法，因此若要遍历 Collection 中的元素，就必须用 Iterator。

迭代器（Iterator）本身就是一个对象，它的工作就是遍历并选择集合序列中的对象，而客户端的程序员不必知道或关心该序列底层的结构。此外，迭代器通常被称为"轻量级"对象，创建它的代价小。但是，它也有一些限制，例如，某些迭代器只能单向移动。

Collection 接口的 iterator（）方法返回一个 Iterator。使用 Iterator 可以从头至尾遍历集合，并安全地从底层 Collection 中除去元素。

例程 12.2 展示了迭代器的简单使用。

```java
public class  {

    public static void main(String[] args) {

        Collection collection = new ArrayList();
        collection.add("s1");
        collection.add("s2");
        Iterator iterator = collection.iterator();
        while (iterator.hasNext()) {
            Object element = iterator.next();
            System.out.println("iterator = " + element);
        }
        Iterator iterator2 = collection.iterator();
        while (iterator2.hasNext()) {
            Object element = iterator2.next();
            iterator2.remove();
        }
        Iterator iterator3 = collection.iterator();
        if (!iterator3.hasNext()) {
            System.out.println("还有元素");
        }
        if(collection.isEmpty())
            System.out.println("collection is Empty!");
    }
}
```

例程 12.2　CollectionToArray.java

可以看到，Collection 的 Iterator 作用如下：

（1）使用方法 iterator（）要求容器返回一个 Iterator。第一次调用 Iterator 的 next（）方法时，它返回集合序列的第一个元素。

（2）使用 next（）获得集合序列中的下一个元素。

（3）使用 hasNext（）检查序列中是否有元素。

（4）使用 remove（）将迭代器新返回的元素删除。

Iterator（迭代器）虽然功能简单，但仍可以帮助我们解决许多问题，同时针对 List 还有一个更复杂更高级的 ListIterator，在下面会进一步介绍。

12.3　List

前面讲述的 Collection 接口实际上并没有直接实现类。而 List 是容器的一种，表示列表。当用户不知道存储的数据有多少时，就可以使用 List 来完成存储数据的工作。例如，想保存一个应用系统当前在线用户信息，就可以使用一个 List 来存储。因为 List 的最大特点就是能够自动根据插入的数据量来动态改变容器大小。

12.3.1　常用方法

List 即列表，它是 Collection 的一种，它继承了 Collection 接口，以定义一个允许重复项的有序集合。该接口不但能够对列表的一部分进行处理，还添加了面向位置的操作。List 是按对象的进入顺序进行保存对象的，而不做排序或编辑操作。它除了拥有 Collection 接口的所有方法外还拥有一些其他方法。

面向位置的操作除包括插入某个元素或 Collection 的功能外，还包括获取、除去或更改元素的功能。在 List 中搜索元素可以从列表的头部或尾部开始，如果找到元素，还将报告元素所在的位置。以下是 List 的一些常用操作：

void add（int index，Object element）：添加对象 element 到位置 index 上。

boolean addAll（int index，Collection collection）：在 index 位置后添加容器 collection 中所有元素。

Object get（int index）：取出下标为 index 位置的元素。

int indexOf（Object element）：查找对象 element 在 List 中第一次出现的位置。

int lastIndexOf（Object element）：查找对象 element 在 List 中最后出现的位置。

Object remove（int index）：删除 index 位置上的元素。

Object set（int index，Object element）：将 index 位置上的对象替换为 element 并返回之前元素。

List 接口不但可以位置方式遍历整个列表，还能处理集合的子集：

ListIterator　listIterator（）：返回一个 ListIterator 迭代器，默认开始位置为 0。

ListIterator　listIterator（int startIndex）：返回一个 ListIterator 迭代器，开始位置为 startIndex。

List　subList（int fromIndex，int toIndex）：返回一个子列表 List，其存放元素为从

fromIndex 到 toIndex 之前的元素。其中，位于 fromIndex 的元素在子列表中，而位于 toIndex 的元素则不在。

在"集合框架"中有两种常规的 List 实现：ArrayList 和 LinkedList，用户使用哪一种取决于特定需要。若要支持随机访问，而不必在除尾部的任何位置插入或除去元素，那么 ArrayList 提供了可选的集合。若要频繁从列表中间位置添加和除去元素，而只要顺序访问列表元素，那么用 LinkedList 实现会更好。它们的区别如表 12.2 所示。

表 12.2

	简述	实现	操作特性	成员要求
List	提供基于索引的对成员的随机访问	ArrayList	提供快速的基于索引的成员访问，对尾部成员的增加和删除支持较好	成员可为任意 Object 子类的对象
		LinkedList	对列表中任何位置的成员的增加和删除支持较好，但对基于索引的成员访问支持性能较差	成员可为任意 Object 子类的对象

LinkedList 添加了一些处理列表两端元素的方法，使用这些新方法就可以轻松把 LinkedList 当作一个堆栈、队列或其他面向端点的数据结构。例程 12.3 使用 LinkedList 来实现一个简单的队列。

```java
public class ListExample {

  public static void main(String args[]) {

    LinkedList queue = new LinkedList();
    queue.addFirst("Bernadine");
    queue.addFirst("Elizabeth");
    queue.addFirst("Gene");
    queue.addFirst("Elizabeth");
    queue.addFirst("Clara");
    System.out.println(queue);
    queue.removeLast();
    queue.removeLast();
    System.out.println(queue);
  }
}
```

例程 12.3　ListExample.java

12.3.2 ListIterator 接口

继承 Iterator 接口的 ListIterator 接口除支持添加或更改底层集合中的元素外，还支持双向访问。以下源代码演示了列表中的反向循环。请注意 ListIterator 最初位于列表尾之后(list.size( ))。

```java
List list = ...;
ListIterator iterator = list.listIterator(list.size());
while (iterator.hasPrevious()) {
  Object element = iterator.previous();
  // Process element
}
```

例程 12.4 是一个关于 ListIterator 的例子。

```java
public class ListIteratorTest {

  public static void main(String[] args) {

    List list = new ArrayList();
    list.add("aaa");
    list.add("bbb");
    list.add("ccc");
    list.add("ddd");
    System.out.println("下标0开始: "+list.listIterator(0).next());
    System.out.println("下标1开始:"+list.listIterator(1).next());
    System.out.println("子List 1-3:"+list.subList(1,3));
    ListIterator it = list.listIterator();
    it.add("sss");
    while(it.hasNext()){
        System.out.println("next Index="+it.nextIndex()+",Object="+it.next());
    }
    ListIterator it1 = list.listIterator();
    it1.next();
    it1.set("ooo");
    ListIterator it2 = list.listIterator(list.size());
    while(it2.hasPrevious()){
        System.out.println("previous
Index="+it2.previousIndex()+",Object="+it2.previous());
    }
  }
}
```

例程 12.4 ListIteratorTest.java

12.4 Map

数学中的映射关系在 Java 中就是通过 Map 来实现的。它表示所存元素是一个对（pair），通过一个对象，可以在这个映射关系中找到另外一个与该对象相关的信息。前面提到的对于根据账号名得到对应的人员信息就属于这种情况的应用。一个人员的账户名与这个人员的信息作了一个映射关系，也就是说，账户名与人员信息当成了一个"键值对"，"键"就是账户名，"值"就是人员信息。下面就来介绍 Map 接口的常用方法。

12.4.1 常用方法

Map 接口不继承 Collection 接口，而是从用于维护键-值关联的接口层次结构入手。按照定义，该接口描述了从不重复的键到值的映射。

可以把这个接口的方法分成三组操作：改变、查询和提供可选视图。

1. 改变操作

改变操作允许从映射中添加和除去键-值对。键和值都可以为 null。但是，不能把 Map 作为一个键或值添加给自身。

- Object put（Object key，Object value）：用来存放一个键-值对到 Map 中。
- Object remove（Object key）：根据 key（键），移除一个键-值对，并将值返回。
- void putAll（Map mapping）：将另外一个 Map 中的元素存入当前的 Map 中。
- void clear（ ）：清空当前 Map 中的元素。

2. 查询操作

查询操作允许检查映射内容。

- Object get（Object key）：根据 key（键）取得对应的值。
- boolean containsKey（Object key）：判断 Map 中是否存在某键（key）。
- boolean containsValue（Object value）：判断 Map 中是否存在某值（value）。
- int size（ ）：返回 Map 中键-值对的个数。
- boolean isEmpty（ ）：判断当前 Map 是否为空。

3. 提供可选视图

提供可选视图方法允许把键或值的组作为集合来处理。

- public Set keySet（ ）：返回所有的键（key）并使用 Set 容器存放。
- public Collection values（ ）：返回所有的值（value）并使用 Collection 存放。
- public Set entrySet（ ）：返回一个实现 Map.Entry 接口的元素 Set。

因为映射中键的集合必须是唯一的，所以使用 Set 来支持。因为映射中值的集合可能不唯一，就使用 Collection 来支持。

Map 的常用实现类如表 12.3 所示。

表 12.3

	简述	实现	操作特性	成员要求
Map	保存键值对成员，基于键找值操作，使用 compareTo 或 compare 方法对键进行排序	HashMap	能满足用户对 Map 的通用需求	键成员可为任意 Object 子类对象，但如果覆盖了 equals 方法，同时注意修改 hashCode 方法
		TreeMap	支持对键有序遍历,使用时建议先用 HashMap 增加和删除成员，最后从 HashMap 生成 TreeMap；附加实现了 SortedMap 接口，支持子 Map 等要求顺序的操作	键成员要求实现 Comparable 接口，或者使用 Comparator 构造 TreeMap。成员一般为同一类型
		LinkedHashMap	保留键的插入顺序，用 equals 方法检查键和值的相等性	成员可为任意 Object 子类对象，但如果覆盖了 equals 方法，同时注意修改 hashCode 方法

例程 12.5 是一个关于 Map 使用的简单例子。

```java
public class MapTest {

public static void main(String[] args) {

    Map map1 = new HashMap();
    Map map2 = new HashMap();
    map1.put("1","aaa1");
    map2.put("10","aaaa10");
        System.out.println("map1.get(\"1\")="+map1.get("1"));
        System.out.println("map1.remove(\"1\")="+map1.remove("1"));
        System.out.println("map1.get(\"1\")="+map1.get("1"));
    map1.putAll(map2);
    map2.clear();
    System.out.println("map1 IsEmpty?="+map1.isEmpty());
    System.out.println("map2 IsEmpty?="+map2.isEmpty());
    System.out.println("map1 中的键值对的个数size = "+map1.size());
    System.out.println("KeySet="+map1.keySet());
    System.out.println("values="+map1.values());
    System.out.println("entrySet="+map1.entrySet());
    System.out.println("map1 是否包含键: 1= "+map1.containsKey("1"));
    System.out.println("map1 是否包含值: aaa1 = "+map1.containsValue("aaa1"));
    }
}
```

例程 12.5　MapTest.java

在例程 12.5 中，首先创建一个 HashMap，并使用了 Map 接口中的各个方法。其中 entrySet（）方法返回一个实现 Map.Entry 接口的对象集合。集合中每个对象都是底层 Map 中一个特定的键值对。

Map.Entry 接口是 Map 接口中的一个内部接口，该内部接口的实现类存放的是键值对。

例程 12.6 展示了排序的 Map 的使用方法。

```java
public class MapSortExample {

    public static void main(String args[]) {

        Map map1 = new HashMap();
        Map map2 = new LinkedHashMap();
        for(int i=0;i<10;i++){
        double s=Math.random()*100;
         map1.put(new Integer((int) s),"第 "+i+" 个放入的元素: "+s+"\n");
         map2.put(new Integer((int) s),"第 "+i+" 个放入的元素: "+s+"\n");
        }
        System.out.println("未排序前HashMap: "+map1);
        System.out.println("未排序前LinkedHashMap: "+map2);
        Map sortedMap = new TreeMap(map1);
        System.out.println("排序后: "+sortedMap);
        System.out.println("排序后: "+new TreeMap(map2));
    }
}
```

例程 12.6　MapSortExample.java

通过观察程序运行结果可以看出，HashMap 的存入顺序和输出顺序无关。而 LinkedHashMap 则保留了键值对的存入顺序。TreeMap 则是对 Map 中的元素进行排序。在实际使用中，我们也经常这样做：使用 HashMap 或者 LinkedHashMap 来存放元素，当所有元素都存放完成后，如果需要使用一个经过排序的 Map 的话，我们再使用 Map 对象来构造 TreeMap，如例程 12.6。这样做的好处是：因为 HashMap、LinkedHashMap 存储数据的速度比直接使用 TreeMap 要快，且存取效率要高。当完成了所有元素的存放后，我们再对整个 Map 中的元素进行排序。这样可以提高整个程序的运行效率，缩短执行时间。

注意：TreeMap 中是根据键（Key）进行排序的，而如果要使用 TreeMap 来进行正常排序的话，Key 中存放的对象必须实现 Comparable 接口。

在 Java 提供的 API 中，除了上面介绍的比较常用的几种 Map 外，还有一些 Map 可供大家了解：

（1）WeakHashMap：WeakHashMap 是 Map 的一个特殊实现，只用于存储对键的弱引用。当映射的某个键在 WeakHashMap 的外部不再被引用时，就允许垃圾收集器收集映射中相应的键值对。使用 WeakHashMap 有益于保持类似注册表的数据结构，若其中条目的键不能再被任何线程访问时，此条目就没用了。

（2）IdentifyHashMap：IdentifyHashMap 是 Map 的一种特性实现。关键属性的 hash 码不是由 hashCode（）方法计算，而是由 System.identityHashCode 方法计算，使用 "=="进行比较而不是 equals（）方法。

12.4.2　Comparable 接口

在 java.lang 包中，Comparable 接口适用于一个类有自然顺序的情况。假定对象集合是同一类型，通过使用该接口可以把集合排序成自然顺序。

该接口只有一个方法：comparTo（Object o）方法，用来比较当前实例和作为参数传入的元素。对于表达式 x.compareTo（y），如果返回值为 0，则表示 x 与 y 相等；如果返回值大于 0，则表示 x 大于 y；如果返回值小于 0，则表示 x 小于 y。

Comparable 是一个对象本身就已经支持自比较的对象所需要实现的接口（如 String、Integer 就可以完成比较大小的操作，它们已经实现了 Comparable 接口），此接口强行对实现它的每个类的对象进行整体排序。这种排序称为类的自然排序，类的 compareTo（）方法被称为自然比较方法。在 Java 2 中有十四个类实现 Comparable 接口，表 12.4 展示了它们的自然排序。

表 12.4　自然排序

类	排　序
BigDecimal，BigInteger，Byte，Double，Float，Integer，Long，Short	按数字大小排序
Character	按 Unicode 值的数字大小排序
CollationKey	按语言环境敏感的字符串排序
Date	按年代排序
File	按系统特定的路径名的全限定字符的 Unicode 值排序
ObjectStreamField	按名字中字符的 Unicode 值排序
String	按字符串中字符 Unicode 值排序

12.5　Set

Java 中的 Set 正好与数学上直观的集（set）的概念是相同的。Set 最大的特性就是不允许在其中存放重复元素。根据这个特点，Set 可以被用来过滤在其他集合中存放的元素，从而得到一个没有包含重复项的集合。

按照此定义可知，Set 接口继承 Collection 接口，而且它不允许集合中存在重复项。所有原始方法都是现成的，没有引入新方法。具体的 Set 实现类依赖添加对象的 equals（）方法来检查等同性。

以下简单描述各个方法的作用：

public int size（）：返回 Set 中元素的数目，如果 Set 包含的元素数大于 Integer.MAX_VALUE，返回 Integer.MAX_VALUE。

public boolean isEmpty（）：如果 Set 中不含元素，返回 true。

public boolean contains（Object o）：如果 Set 包含指定元素，返回 true。

public Iterator iterator（）：返回 Set 中元素的迭代器。

public Object[] toArray（）：返回包含 Set 中所有元素的数组。

public Object[] toArray（Object[] a）：返回包含 Set 中所有元素的数组。

public boolean add（Object o）：如果 Set 中不存在指定元素，则向 Set 加入。

public boolean remove（Object o）：如果 Set 中存在指定元素，则从 Set 中删除。

public boolean removeAll（Collection c）：如果 Set 包含指定集合，则从 Set 中删除指定集合的所有元素。

public boolean containsAll（Collection c）：如果 Set 包含指定集合的所有元素，返回 true；如果指定集合也是一个 Set，且是当前 Set 的子集时，该方法返回 true。

public boolean addAll（Collection c）：如果 Set 中不存在指定集合的元素，则向 Set 中加入所有元素。

public boolean retainAll（Collection c）：只保留 Set 中所含的指定集合的元素（可选操作）。换言之，从 Set 中删除所有指定集合不包含的元素；如果指定集合也是一个 Set，那么该操作修改 Set 的效果是使它的值为两个 Set 的交集。

public void clear（）：从 Set 中删除所有元素。

"集合框架"支持 Set 接口三种普通的实现：HashSet、TreeSet 及 LinkedHashSet。表 12.5 是 Set 的常用实现类的描述。

在更多情况下，使用 HashSet 存储重复自由的集合。同时 HashSet 中也是采用 Hash 算法的方式进行存取对象元素的，因此添加到 HashSet 的对象对应的类也需要采用恰当方式来实现 hashCode（）方法。虽然大多数系统类覆盖了 Object 中缺省的 hashCode（）实现，但创建自己的要添加到 HashSet 的类时，别忘了覆盖 hashCode（）。

表 12.5

	简述	实现	操作特性	成员要求
Set	成员不能重复	HashSet	外部无序地遍历成员	成员可为任意 Object 子类对象，但如果覆盖了 equals 方法，同时注意修改 hashCode 方法
		TreeSet	外部有序地遍历成员；附加实现了 SortedSet，支持子集等要求顺序的操作	成员要求实现 Comparable 接口，或者使用 Comparator 构造 TreeSet。成员一般为同一类型
		LinkedHashSet	外部按成员的插入顺序遍历成员	成员与 HashSet 成员类似

例程 12.7 是一个关于 Set 的简单例子。

```java
public class HashSetDemo {

    public static void main(String[] args) {

        Set set1 = new HashSet();
        if (set1.add("a")) {
            System.out.println("1 add true");
        }
        if (set1.add("a")) {
            System.out.println("2 add true");
        }
        set1.add("000");
        set1.add("111");
        set1.add("222");
        System.out.println("集合set1的大小: "+set1.size());
        System.out.println("集合set1的内容: "+set1);
        set1.remove("000");
        System.out.println("集合set1移除 000 后的内容: "+set1);
        System.out.println("集合set1中是否包含000 : "+set1.contains("000"));
        System.out.println("集合set1中是否包含111 : "+set1.contains("111"));
        Set set2=new HashSet();
        set2.add("111");
        set2.addAll(set1);
        System.out.println("集合set2的内容: "+set2);
        set2.clear();
        System.out.println("集合set2是否为空 : "+set2.isEmpty());
        Iterator iterator = set1.iterator();
        while (iterator.hasNext()) {
            Object element = iterator.next();
            System.out.println("iterator = " + element);
        }
        Object s[]= set1.toArray();
        for(int i=0;i<s.length;i++){
            System.out.println(s[i]);
        }
    }
}
```

例程 12.7　HashSetDemo.java

通过例程 12.7 可以发现，Set 中的方法与直接使用 Collection 中的方法一样。唯一需要注意的是 Set 中存放的元素不能重复。

请仔细观察例程 12.8，来了解一下 Set 的其他实现类的特性：

```java
public class SetSortExample {

 public static void main(String args[]) {

    Set set1 = new HashSet();
    Set set2 = new LinkedHashSet();
    for(int i=0;i<5;i++){
    int s=(int) (Math.random()*100);
     set1.add(new Integer( s));
     set2.add(new Integer( s));
     System.out.println("第 "+i+" 次随机数产生为: "+s);
    }
    System.out.println("未排序前HashSet: "+set1);
    System.out.println("未排序前LinkedHashSet: "+set2);
    Set sortedSet = new TreeSet(set1);
    System.out.println("排序后 TreeSet : "+sortedSet);
  }
}
```

例程 12.8　SetSortExample.java

通过例程 12.8 可以知道 HashSet 的元素存放顺序与添加进去时的顺序没有任何关系，而 LinkedHashSet 则保持了元素的添加顺序。TreeSet 则是对 Set 中的元素进行排序存放。

一般来说，当要从集合中以有序方式抽取元素时，TreeSet 实现就会有用处。为了能顺利进行，添加到 TreeSet 的元素必须是可排序的。而同样需要对添加到 TreeSet 中的类对象实现 Comparable 接口的支持。对于 Comparable 接口的实现，在前一小节的 Map 中已有简单介绍。一般来说，先把元素添加到 HashSet，再把集合转换为 TreeSet 来进行有序遍历会更快，这点与 HashMap 的使用非常类似。

12.6　Collection、List、Map、Set 比较

大家在采用"集合框架"设计软件时，请记住该框架四个基本接口的层次结构关系：

- Collection 接口是一组允许重复的对象。
- Set 接口继承 Collection，但不允许重复。
- List 接口继承 Collection，允许重复，并引入位置下标。

- Map 接口既不继承 Set，也不继承 Collection，存取的是键值对。

常用集合的实现类之间的区别如表 12.6 所示：

表 12.6

Collection/Map	接口	成员重复性	元素存放顺序 （Ordered/Sorted）	元素中被调用的方法	基于哪种数据结构来实现的
HashSet	Set	Unique elements	No order	equals（ ） hashCode（ ）	Hash 表
LinkedHashSet	Set	Unique elements	Insertion order	equals（ ） hashCode（ ）	Hash 表和双向链表
TreeSet	SortedSet	Unique elements	Sorted	equals（ ） compareTo（ ）	平衡树（Balanced tree）
ArrayList	List	Allowed	Insertion order	equals（ ）	数组
LinkedList	List	Allowed	Insertion order	equals（ ）	链表
Vector	List	Allowed	Insertion order	equals（ ）	数组
HashMap	Map	Unique keys	No order	equals（ ） hashCode（ ）	Hash 表
LinkedHashMap	Map	Unique keys	Key insertion order/Access order of entries	equals（ ） hashCode（ ）	Hash 表和双向链表
Hashtable	Map	Unique keys	No order	equals（ ） hashCode（ ）	Hash 表
TreeMap	SortedMap	Unique keys	Sorted in key order	equals（ ） compareTo（ ）	平衡树（Balanced tree）

第 13 章　异　常

13.1　概　述

本章将讨论 Java 的异常处理机制，读者可学习如何合理应用异常处理机制，使编写的 Java 程序具有稳定性和可靠性。当异常情况发生时，会创建一个代表该异常的对象并在产生异常的方法中创建该对象，这个异常对象最终会被捕获并进行相应处理。

13.2　基　础

13.2.1　错误与异常

在程序运行时经常会出现一些非正常的现象，如死循环、非正常退出等，称为运行错误。根据错误性质将运行错误分为两类：错误和异常。

（1）致命性的错误：如程序进入了死循环，或递归无法结束，或内存溢出，这类现象称为错误。错误只能在编程阶段解决，运行时程序本身无法解决，只能依靠其他程序干预，否则会一直处于非正常状态。

（2）非致命性的异常：如运算时除数为 0，或操作数超出数据范围，或打开一个文件时，发现文件并不存在，或欲装入的类文件丢失，或网络连接中断等，这类现象称为异常。在源程序中加入异常处理代码，当程序运行中出现异常时，由异常处理代码调整程序运行方向，使程序仍可继续运行直至正常处理。

13.2.2　异常处理机制

Java 提供了异常处理机制，它是通过面向对象的方法来处理异常的。

（1）抛出异常。当程序发生异常时，会产生一个异常事件，生成一个异常对象，并把它提交给运行系统，再由运行系统寻找相应的代码来处理异常。这个过程称为抛出（throw）一个异常。一个异常对象可以由 Java 虚拟机生成，也可以由运行的方法生成。异常对象中包含了异常事件类型、程序运行状态等必要信息。

（2）捕获异常。当异常抛出后，运行时系统从生成对象的代码开始，沿方法的调用栈逐层回溯查找，直到包含相应处理方法，并把异常对象交给该方法为止，这个过程称为捕获（catch）一个异常。

简单地说，发现异常的代码可以"抛出"一个异常，运行系统"捕获"该异常，交由程序员编写的相应代码进行异常处理。

（3）异常处理的类层次。Java 通过错误类（Error）和异常类（Exception）来处理错误和异常，而它们都是 Throwable 类的子类，如图 13.1 所示。

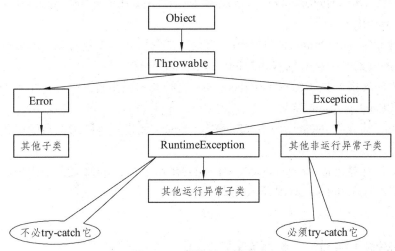

图 13.1　异常处理类层次

（4）程序对错误与异常的三种处理方式：

① 程序不能处理的错误。Error 类为错误类，如内存溢出、栈溢出等。这类错误一般由系统进行处理，程序本身无需捕获和处理。例如，运行没有 main 方法的类将产生 NoClassDefFoundError 错误。

② 程序应避免而不捕获的异常。对于运行时异常类（RuntimeException），如数组越界等，在程序设计正常时不会发生，在编程时使用数组长度 a.length 来控制数组的上界即可避免异常发生，而无须使用 try-catch-finally 语句。因此，这类异常应通过程序调试尽量避免而不是去捕获它。

③ 必须捕获的异常。有些异常在编写程序时是无法预料的，如文件没找到异常、网络通信失败异常等。因此，为了保证程序的健壮性，Java 要求必须对可能出现这些异常的代码使用 try-catch-finally 语句，否则编译无法通过，如例程 13.1 所示。

```java
import java.io.FileInputStream;
public class ExceptionTest{

    public static void main(String[] args){

        FileInputStream fis=new FileInputStream("a.bat");
        System.out.println("I can not found this file!");
    }

}
```

例程 13.1　ExceptionTest.java

例程 13.1 访问文件 a.bat。在程序中使用了 FileInputStream 类，在访问文件时会产生文件不存在的异常对象（FileNotFoundException），因此必须捕获这个异常，否则编译就会出错。

（5）常见的公用异常类。

下面介绍常见的异常类，它们都是 RuntimeException 的子类。

① 算术异常 ArithmeticException。如果除数为 0，或用 0 取模会产生 ArithmeticException，其他算术操作不会产生该异常。

② 空指针异常 NullPointerException。当程序试图访问一个空对象中的变量或方法，或一个空数组中的元素时则会引发 NullPointerException 异常。

③ 类型强制转换异常 ClassCastException。进行类型强制转换时，对于不能进行的转换操作产生 ClassCastException 异常。

④ 数组负下标异常 NegativeArraySizeException。如果一个数组的长度是负数，则会引发 NegativeArraySizeException 异常。

⑤ 数组下标越界异常 ArrayIndexOutOfBoundsException。试图访问数组中的一个非法元素时，则会引发 ArrayIndexOutOfBoundsExceptiony 异常。

13.3　异常的产生、捕获和处理

异常处理的理论似乎十分繁琐，但实际使用时却并不复杂。下面先通过例程 13.2、13.3 来看一下异常从产生到捕获并处理的全过程。

13.3.1　异常的产生

例程 13.2 展示了一个产生异常的情形。

```java
public class ExceptionTest{

    public static void main(String[] args){

        int a[]={5,6,7,8};
        for(int i=0;i<5;i++){
            System.out.println("a["+i+"]="+a[i]);
        }
    }
}
```

例程 13.2　ExceptionTest.java

上例打印一个数组的所有值。程序编译时没有问题，但运行时正常输出了循环的前 4 句，但在试图输出 a[4]时，Java 抛出了一个数组越界异常类（java.lang.ArrayIndexOutOfBounds Exception），以及异常发生所在的方法（Try1.main），同时终止程序运行。

13.3.2　使用 try-catch-finally 语句捕获和处理异常

一般来说，系统会捕获抛出的异常对象并输出相应的信息，同时终止程序运行，导致其后程序无法运行。这其实并不是人们所期望的，因此就需要有程序来接收和处理异常对象，从而不会影响其他语句的执行，这就是捕获异常的意义所在。

在 Java 的异常处理机制中，提供了 try-catch-finally 语句来捕获和处理一个或多个异常，语法格式如下：

```
try
{
    <语句1>
}
catch(ExceptionType1 e)
{
    <语句2>
}
finally
{
    <语句3>
}
```

其中，<语句 1>是可能产生异常的代码；<语句 2>是当捕获某种异常对象时进行处理的代码，ExceptionType1 代表某种异常类，e 为相应的对象；<语句 3>是无论是否捕获到异常都必须执行的代码。

catch 语句可以有一个或多个，但至少要有一个 catch 语句，finally 语句可以省略。

try-catch-finally 语句的作用：当 try 语句中的代码产生异常时，根据异常的不同，由不同 catch 语句中的代码对相应异常进行捕获并处理；若没有异常，则 catch 语句不执行；而无论是否捕获到异常都必须执行 finally 中的代码。

例程 13.3 展示了一个捕获并处理异常的示例。

```java
public class ExceptionTest{

    public static void main(String[] args){

        int a[]={5,6,7,8};
        for(int i=0;i<5;i++){
            try {
                System.out.println("a["+i+"]="+a[i]);
            }
            catch(ArrayIndexOutOfBoundsException e) {
                System.out.println("数组下标越界异常！");
            }
```

```
        finally{
            System.out.println("fianlly i="+i);
        }
    }
  }
}
```

例程 13.3　ExceptionTest.java

下面通过例程 13.3 来深入讨论 try-catch-finally 语句使用时应注意的问题。

（1）try 语句。try 语句大括号 { } 中的这段代码可能会抛出一个或多个异常。也就是说，当某段代码在运行时可能产生异常的话，需要使用 try 语句来将这些代码限定起来。

（2）catch 语句。catch 语句的参数类似于方法的声明，包括一个异常类型和一个异常对象。catch 语句可以有多个，分别处理不同类型的异常。Java 运行时系统从上向下分别对每个 catch 语句处理的异常类型进行检测，直到找到与程序产生的异常类型相匹配的 catch 语句为止。如果程序产生的异常与所有 catch 处理的异常都不匹配，则这个异常将由 Java 虚拟机捕获并处理，此时与不使用 try-catch-finally 语句是一样的，这显然也不是用户所期望的结果。因此一般在使用 catch 语句时，最后一个将捕获 Exception 这个所有异常的超类，从而保证异常由对象自身来捕获和处理。

（3）finally 语句。在 try 所限定的代码中，当抛出一个异常时，其后的代码不会被执行，但通过 finally 语句可以指定一块代码，无论 try 所指定的程序块中是否抛出异常，也无论 catch 语句的异常类型是否与所抛出的异常类型一致，finally 所指定的代码都要被执行，它提供了统一出口。该语句是可以省略的。

13.4　抛出异常

如前所述，在捕获一个异常前，必须有一段代码生成一个异常对象并把它抛出。抛出异常的既可以是 Java 运行时系统，也可以是程序员自己编写的代码（即在 try 语句中的代码本身不会产生异常，而是由程序员故意抛出异常）。

13.4.1　使用 throw 语句抛出异常

使用 throw 语句抛出异常的格式如下：

```
throw <异常对象>
```

其中，throw 是关键字，<异常对象>是创建的异常类对象。

例程 13.4 展示了 throw 语句的使用方法。本例程为求 1～20 的阶乘。在该例程中使用主动抛出异常，再捕获并处理异常的方式解决数据溢出的问题。在每次乘法前先判断，如果结果会溢出，则由 throw 语句抛出一个异常，再由 catch 语句对捕获的异常进行处理。

```java
public class ExceptionTest{

    public void run(byte k){
        byte y=1,i=1;
        System.out.print(k+"!=");
        for(i=1;i<=k;i++){
            try {
                if(y>Byte.MAX_VALUE/i)
                    throw new Exception("overflow");
                else
                    y=(byte)(y*i);
            }
            catch(Exception e) {
                e.printStackTrace();
                System.exit(0);
            }
        }
        System.out.println(y);
    }
    public static void main(String args[]){

        ExceptionTest a=new ExceptionTest();
        for(byte i=1;i<10;i++)
            a.run(i);
    }
}
```

例程 13.4　ExceptionTest.java

13.4.2　抛出异常方法与调用处理异常方法

（1）抛出异常方法。在方法声明中，添加 throws 子句表示该方法将抛出异常。带有 throws 子句的方法声明格式如下：

[<修饰符>]<返回值类型><方法名>（[<参数列表>]）[throws<异常类>]

其中，throws 是关键字，<异常类>是方法要抛出的异常类，可以声明多个异常类，用逗号隔开。这里需要注意的是，throws 子句与 throw 在语法和使用上要加以区别。

（2）由调用方法处理异常。由一个方法抛出异常后，系统将异常向上传播，由调用它的方法来处理这些异常。

例程 13.5 在计算阶乘的 calc 方法中抛出数据溢出的异常。程序运行时，在 calc 方法中生成的异常通过调用栈传递给 run 方法，由 run 方法进行处理。

```java
public class ExceptionTest{

    public void calc(byte k) throws Exception {
        byte y=1,i=1;
        System.out.print(k+"!=");
        for(i=1;i<=k;i++) {
            try{
                if(y>Byte.MAX_VALUE/i)
                    throw new Exception("overflow");
                else
                    y=(byte)(y*i);
            }
            catch(Exception e){
                e.printStackTrace();
                System.exit(0);
            }
        }
        System.out.println(y);
    }
    public void run(byte k){
        try {
            calc(k);
        }
        catch(Exception e) {
            e.printStackTrace();
            System.exit(0);
        }
    }
    public static void main(String args[]){
        ExceptionTest a=new ExceptionTest();
        for(byte i=1;i<10;i++)
            a.run(i);
    }
}
```

例程 13.5　ExceptionTest.java

同 throw 一样，如果某个方法声明抛出异常，则调用它的方法必须捕获及处理异常，否则会出现异常错误。

13.4.3 由方法抛出异常交系统处理

对于程序中需要处理的异常，一般编写 try-catch-finally 语句捕获并处理；而对于程序中无法处理必须由系统处理的异常，可以使用 throw 语句在方法中抛出异常交系统处理。例如，对于文件流操作，将必须捕获的系统定义的异常交由系统处理，如例程 13.6 所示。

```java
public class ExceptionTest{

    static int a,b,c;
    public static void main(String args[]){

        try{
            a=100;
            b=Integer.parseInt(args[0]);
            if(b==13)
                throw(new ArithmeticException());
            c=a/b;
            System.out.println("a/b="+c);
        }
        catch(ArrayIndexOutOfBoundsException e){
            System.out.println("没有命令行第一个参数");
        }
        catch(ArithmeticException e){
            System.out.println("算数运算错误");
        }
    }
}
```

例程 13.6 ExceptionTest.java

13.5 自定义异常

虽然 Java 已经预定义了很多异常类，但在有些情况下，程序员不仅需要自己抛出异常，还要创建自己的异常类。这时可以通过创建 Exception 的子类来定义自己的异常类。

下面给出一些原则以提示何时需要自定义异常类：

（1）Java 异常类体系中不包含所需要的异常类型。

（2）用户需要将自己所提供类的异常与其他人提供的异常进行区分。

（3）类中将多次抛出这种类型的异常。

（4）如果使用其他程序包中定义的异常类，将影响程序包的独立性与自包含性。

　　例程 13.7 定义了一个异常类 MyException，该类是 java.lang.Exception 类的子类，只包含
了两个简单构造方法。UsingMyException 类包含了两个方法 f（ ）和 g（ ），这两个方法中分
别声明并抛出了 MyException 类型的异常。在 TestMyException 类的 main（ ）方法中，访问
了 UsingMyException 类的 f（ ）和 g（ ），并用 try-catch 语句实现了异常处理。在捕获了 f（ ）
和 g（ ）抛出的异常后，将在相应的 catch 语句块中输出异常的信息，并输出异常发生位置的
堆栈跟踪轨迹。

```java
class MyException extends Exception{
    MyException() {  }
    MyException(String msg){
        super(msg);
    }
}
class UsingMyException                                {
    Void f() throws MyException{
        System.out.println("Throws MyException from f()");
        throw new MyException();
    }
    Void g() throws MyException{
        System.out.println("Throws MyException from g()");
        throw new MyException("originated in g()");
    }
}
public class TestMyException{

    public static void main(String args[])  {

        UsingMyException m=new UsingMyException();
        try  {
            m.f();
        }
        catch(MyException e) {
            e.printStackTrace();
        }
        try{
            m.g();
        }
        catch(MyException e) {
            e.printStackTrace();
        }
    }
}
```

例程 13.7　TestMyException.java

第 14 章　Java I/O 系统

14.1　概　述

I/O（Input/Output）是计算机输入/输出的接口。Java 的核心库 java.io 提供了全面的 I/O 接口，包括文件读写、标准设备输出等。Java 中 I/O 是以流为基础进行输入输出的，所有数据被串行化写入输出流，或者从输入流读入。此外，Java 也对块传输提供了支持，在核心库 java.io 中采用的便是块 I/O。流 I/O 的好处是简单易用，缺点是效率较低。块 I/O 效率很高，但编程比较复杂。

java.io 包里面所保存的所有类和接口都是用于 I/O 操作的，此包基本上算是整个 java 中学习者最痛苦的地方，I/O 操作并不麻烦，关键是要彻底理解面向对象中的各个核心概念，在整个的 I/O 操作中记住一句话："父类定义操作的标准，而具体的操作实现由子类完成"。

Java 的 I/O 模型设计非常优秀，使用了装饰者模式，按功能划分 Stream，我们可以动态装配这些 Stream，以便获得需要的功能。例如，需要一个具有缓冲的文件输入流，则应当组合使用 FileInputStream 和 BufferedInputStream。

Java 的 I/O 体系分 Input/Output 和 Reader/Writer 两类，两者区别在于 Reader/Writer 在读写文本时能自动转换内码。基本上，所有的 I/O 类都是配对的，即有 XxxInput 就有一个对应的 XxxOutput。

14.2　File 类

java.io.File 类是在整个 java.io 包中最特殊的一个类，表示的是文件本身的若干操作，那么所谓的文件本身指的并不是对文件的内容操作，而是对文件的创建、删除等操作。

File 类中提供了几个与文件本身有关的操作方法：

构造方法：public File（String pathname）（应给出要操作文件的路径）

创建文件：public boolean createNewFile（）throws IOException

删除文件：public boolean delete（）

判断文件是否存在：public boolean exists（）

例程 14.1 展示了以上方法的使用。

```java
public class IODemo {

    public static void main(String[] args) throws Exception {
        File file = new File("d:\\test.txt");
                    // 指定要操作的文件
        if (file.exists()) {   // 判断文件是否存在
            file.delete();      // 删除文件
        } else {
            file.createNewFile(); // 创建文件
        }
    }
}
```

例程 14.1　IODemo.java

程序说明如下：

问题一：在定义 File 类对象时需要指定一个文件的路径，但是这个路径有分隔符的问题。由于 Java 支持多操作系统，因此每一个所编写的程序必须考虑到操作系统的问题：windows 之中分隔符是"\"；linux 之中分隔符是"/"。为了解决此问题，在 File 类提供了一个常量：public static final String separator。

问题二：操作中会出现延迟问题。当创建文件或删除文件时会出现延迟，因为 Java 的程序都是通过 JVM 与操作系统进行交互的，这就一定会存在延迟的问题。

问题三：例程 14.1 是直接在一个硬盘的根目录下创建新文件，如果现在要在文件夹中创建文件呢？此时应该先创建文件夹，方法为：public boolean mkdir（）。找到指定 File 的上一级目录，方法为：public File getParentFile（）。如例程 14.2 所示。

```java
public class IODemo {

    public static void main(String[] args) throws Exception {
        File file = new File("d:" + File.separator + "iodemo" + File.separator+
"test.txt"); // 指定要操作的文件
        if (!file.getParentFile().exists()) { // 判断上一级文件夹是否存在
            file.getParentFile().mkdir();
        }
        file.createNewFile(); // 创建文件
    }
}
```

例程 14.2　IODemo.java

　　但是例程 14.2 有一个比较麻烦的问题在于：此时只能创建一个级别的父文件夹，如果现在的文件夹较多的话，那么就必须采用另外一个方法：public boolean mkdirs（ ）。

　　若要列出一个文件夹中的全部内容，则可以采用以下方法：

　　列出所有文件：public String[] list（ ）

　　列出所有文件：public File[] listFiles（ ）

　　判断给定的路径是否为文件夹：public boolean isDirectory（ ）

　　判断给定的路径是否为文件：public boolean isFile（ ）

　　例程 14.3 给定一个文件夹的名称，之后通过递归的方式将此文件夹中的全部内容列出，列出时也要列出所有子文件夹中的内容。

```java
public class IODemo {

    public static void main(String[] args) throws Exception {
        // 指定要操作的文件
        File file = new File("d:" + File.separator);
        fun(file);
    }
    public static void fun(File file) {
        if (file.isDirectory()) {
            File all[] = file.listFiles();
            if (all != null) {
                for (int x = 0; x < all.length; x++) {
                    fun(all[x]);
                }
            }
        } else { // 没有文件夹了，直接输出
            System.out.println(file);
        }
    }
}
```

例程 14.3　IODemo.java

14.3　字节流和字符流

　　File 类本身可以操作文件，但是却无法进行文件内容的操作，而若要进行文件内容操作的话，则需要使用字节流和字符流这两种类型的操作流来完成：

　　字节流：InputStream、OutputStream

　　字符流：Reader、Writer

但是不管使用何种流，其基本的操作形式是固定的。以文件的操作流为例说明步骤如下：

（1）若要操作文件，则首先通过 File 类找到该文件。

（2）通过字节流或字符流的子类为父类实例化。

（3）进行读/写的操作。

（4）由于流属于资源操作，因此操作到最后必须将其关闭。

14.3.1　字节输出流：OutputStream

OutputStream 是一个字节的输出流，此类是一个抽象类，而且实现了 Closeable、Fluashable 这两个接口，分别定义如下：

Closeable：	Flushable：

public interface Closeable{
　　public void close（ ）**throws** IOException;
}
	public interface Flushable {
	　　public void flush（ ）**throws** IOException ;
	}

由于在 OutputStream 类之中也提供了 close（ ）和 flush（ ）这两个方法，因此在很多情况下用户往往不会关心 Closeable 和 Flushable 两个操作接口。

在 OutputStream 类中定义的几个用于输出的方法如下：

输出全部的字节数据：public void write（byte[] b）throws IOException

输出部分的字节数据：public void write（byte[] b，int off，int len）throws IOException

输出单个的字节数据：public abstract void write（int b）throws IOException

OutputStream 属于字节输出流，因此所有的数据必须都以字节数组的形式输出，但是这里面有一个比较麻烦的问题：OutputStream 本身是一个抽象类，那么抽象类要想实例化必须依靠子类，所有的抽象方法由子类负责实现，而且最为重要的是抽象类规定了操作标准，而由子类决定输出的位置，既然是向文件输出，因此使用 FileOutputStream。

FileOutputStream 类的构造函数：

public FileOutputStream（File file）throws FileNotFoundException

例程 14.4 展示了以上方法的使用。

```java
public class IODemo {

    public static void main(String[] args) throws Exception {
        File file = new File("D:" + File.separator + "iodemo" + File.separator+
"hello" + File.separator + "test.txt");
        // 指定一个文件
        if (!file.getParentFile().exists()) {
            file.getParentFile().mkdirs();
        }
        OutputStream output = new FileOutputStream(file);
```

```
        String str = "Hello World!"; // 要输出的数据
        byte data[] = str.getBytes(); // 将字符串变为byte数组的形式
        output.write(data); // 输出数据
        output.close(); // 关闭流
    }
}
```

例程 14.4　IODemo.java

通过运行程序可以发现字节流的操作特点：

（1）如果要创建的文件不存在，则在输出之前会自动为用户创建；

（2）字节流操作的永远都是字节数组。

但是反复执行程序之后会发现一个问题，就是现在所有的内容都是用新的覆盖掉旧的，能否追加呢？

FileOutputStream 类的另外一个构造函数：

public FileOutputStream(File file,boolean append)throws FileNotFoundException

例程 14.5 展示了这个构造函数的用法。

```
public class IODemo {

    public static void main(String[] args) throws Exception {
        File file = new File("D:" + File.separator + "iodemo" + File.separator+
"hello" + File.separator + "test.txt");
        // 指定一个文件
        if (!file.getParentFile().exists()) {
            file.getParentFile().mkdirs();
        }
        OutputStream output = new FileOutputStream(file, true); // 允许追加
        String str = "Hello World!\r\n"; // 要输出的数据
        // 将字符串变为byte数组的形式
        byte data[] = str.getBytes();
        output.write(data); // 输出数据
        output.close(); // 关闭流
    }
}
```

例程 14.5　IODemo.java

字节流的使用相对而言比较固定，只要有字节数组就可以完成输出。

14.3.2　字节输入流：InputStream

InputStream 类是专门处理字节输入流的操作类，它也是一个抽象类，也实现了 Closeable 接口。在此类中提供了如下几个读取方法：

读取数据：public int read（byte[] b）throws IOException，返回读取的个数，如果没有了则返回-1；

读取部分数据：public int read（byte[] b，int off，int len）throws IOException，如果没有了则返回-1；

读取单个字节：public abstract int read（）throws IOException，如果没有了则返回-1。

通过对比可以发现 InputStream 类和 OutputStream 类中的所有方法是一一对应的，那么既然这个类是一个抽象类，因此要想进行操作，肯定依靠子类：FileInputStream，此类的构造方法如下：

public FileInputStream（File file）throws FileNotFoundException

例程 14.6 展示了以上方法的用法，注意在本例中采用 StringBuffer 的形式接收。

```java
public class IODemo {

    public static void main(String[] args) throws Exception {
        File file = new File("D:" + File.separator + "iodemo" + File.separator+
"hello" + File.separator + "test.txt");
        // 指定一个文件
        if (file.exists()) { // 如果文件存在则进行读取
            InputStream input = new FileInputStream(file);
            StringBuffer buf = new StringBuffer();
            // 准备出一个盛水的容器
            int num = 0; // 读取的数据
            while ((num = input.read()) !=.-1) {
                buf.append((char) num);
            }
            System.out.println("文件内容是：【" + buf + "】");
            input.close(); // 关闭流
        }
    }
}
```

例程 14.6　IODemo.java

同样的操作如果使用的是 String 的话，则代码的垃圾就太多了，而 StringBuffer 就是用于此类情况下的。

14.3.3 字符输出流：Writer

之前所有的字节流都是以 byte 数组的形式进行的，而字符输出流肯定操作的是字符（字符串、字符数组），Writer 类是一个抽象类，这个类的定义形式又与 OutputStream 一样，但是这个类比 OutputStream 唯一强在输出：

输出字符串：public void write（String str）throws IOException

输出部分字符串：public void write（String str，int off，int len）throws IOException

唯一的方便之处在于所有的数据不用再变为 byte 数组了，而直接输出字符串，那么既然这个类是一个抽象类，则肯定也要依靠子类，文件操作的子类是 FileWriter。如例程 14.7 所示。

```java
public class IODemo {

    public static void main(String[] args) throws Exception {
        File file = new File("D:" + File.separator + "iodemo" + File.separator+
"hello" + File.separator + "test.txt");
        // 指定一个文件
        if (!file.getParentFile().exists()) {
            file.getParentFile().mkdirs();
        }
        Writer output = new FileWriter(file);
        String str = "Hello World!";   // 要输出的数据
        output.write(str);             // 输出数据
        output.close();                // 关闭流
    }

}
```

例程 14.7   IODemo.java

字符输出流比字节输出流唯一的好处就在于对中文的处理上，因为一个字符是两个字节，而中文若使用的是字节处理会出现乱码问题。

14.3.4 字符输入流：Reader

虽然字符输出流提供了可以将字符串输出的操作，但是这个操作对于输入流可没有，不能说所有的内容直接使用输入流按照字符串的形式返回，唯一不同的是使用的是字符数组完成，而且也分为三种。那么既然这个类是抽象类，那么文件读取就使用 FileReader 子类完成。如例程 14.8 所示。

```java
public class IODemo {

    public static void main(String[] args) throws Exception {
        File file = new File("D:" + File.separator + "iodemo" + File.separator+
```

```
"hello" + File.separator + "test.txt");
        // 指定一个文件
    if (file.exists()) { // 如果文件存在则进行读取
        Reader input = new FileReader(file);
        char data[] = new char[1024]; // 准备出一个盛水的容器
        int len = input.read(data); // 将数据向容器中保存
System.out.println("文件内容是: " + new String(data, 0, len) + "");
        input.close(); // 关闭流
    }
    }
}
```

例程 14.8   IODemo.java

14.3.5 字节流和字符流的区别

通过代码我们可以发现字节流和字符流在使用上很相似，那么在实际程序开发之中选用哪种更好呢？

如果使用的是字节流，则所有的操作直接与终端有关系，而如果是字符流的话，则中间会加入一个缓冲区。

那么在输出时，若使用的字符流没有关闭，则保存在缓冲区中的数据将无法输出，而解决此问题就必须强制刷新缓冲：

```
public abstract void flush ( ) throws IOException
```

例程 14.9 是一个强制刷新缓冲用法示例。

```
public class IODemo {

    public static void main(String[] args) throws Exception {
        File file = new File("D:" + File.separator + "iodemo" + File.separator+
"hello" + File.separator + "test.txt");
        // 指定一个文件
        if (!file.getParentFile().exists()) {
            file.getParentFile().mkdirs();
        }
        Writer output = new FileWriter(file);
        String str = "Hello World!";  // 要输出的数据
        output.write(str);            // 输出数据
        output.flush();               // 强制刷新缓冲
    }
}
```

例程 14.9   IODemo.java

　　所谓的缓冲就是指一块内存空间，之所以会加入这个过渡，主要原因是在于程序中可以在这个缓冲里面对一些数据进行处理，例如：对中文会方便一些。

　　如果按照这种方式进行的话，可以肯定的是字节流要比字符流快一些，因为字节流属于点到点的操作。

14.3.6　字节流和字符流的转换类

　　流分为两大阵营：字节流和字符流。有时候为了方便两种操作流之间的转换，Java 提供了相应的转换流的操作类。

　　将字节输出流变为字符输出流的类：OutputStreamWriter，该类的继承关系如下：

```
java.lang.Object
    └java.io.Writer
        └java.io.OutputStreamWriter
```

　　其构造函数是：

```
public OutputStreamWriter (OutputStream out)
```

　　将字节输入流变为字符输入流的类：InputStreamReader，该类的继承关系如下：

```
java.lang.Object
    └java.io.Reader
        └java.io.InputStreamReader
```

　　其构造函数是：

```
public InputStreamReader (InputStream in)
```

　　例程 14.10 展示了以上类的用法。

```java
public class IODemo {

    public static void main(String[] args) throws Exception {
        File file = new File("D:" + File.separator + "iodemo" + File.separator+
"hello" + File.separator + "test.txt");
// 指定一个文件
        if (!file.getParentFile().exists()) {
            file.getParentFile().mkdirs();
        }    // 将字节输出流变为字符输出流
        Writer out = new OutputStreamWriter(new FileOutputStream(file)) ;
        String str = "Hello World!";        // 要输出的数据
        out.write(str);                     // 输出数据
        out.close();                        // 关闭流
    }
}
```

例程 14.10　IODemo.java

以上程序段没有任何意义，因为即使将字符串变为了字节数组也不麻烦，之所以要将转换流的概念提出，主要有一个原因：观察 FileOutputStream 和 FileInputStream 类的继承结构，如下：

FileOutputStream：	FileInputStream：

java.lang.Object
   └ java.io.OutputStream
      └ java.io.FileOutputStream
	java.lang.Object
	   └ java.io.InputStream
	      └ java.io.FilterInputStream

可以发现这两个类都属于 OutputStream 和 InputStream 的直接子类，但是观察一下 FileWriter、FileReader 类的继承关系：

FileWriter：	FileReader：

java.lang.Object
   └ java.io.Writer
      └ java.io.OutputStreamWriter
         └ java.io.FileWriter
	java.lang.Object
	   └ java.io.Reader
	      └ java.io.InputStreamReader
	         └ java.io.FileReader

可以发现 FileWriter 不是 Wirter 的直接子类，而是 OutputStreamWriter 的直接子类。同理，FileReader 也是 InputStreamReader 类的直接子类，因此从类的继承关系上就可以发现一个特点：本身保存在终端的数据肯定都是字节，而所有的字符都是经过处理后的，而且这里面也增加了一个过渡操作。

14.4　内存操作流

之前所讲解的全部操作都围绕子类向父类进行转型的实现，所有的操作方法在父类中都有标准定义，之前所用到的是文件的操作流 FileInputStream 和 FileOutputStream，读取和写入的位置都是文件，但是如果说现在要想更换位置，如将输入/输出的位置变为内存，则要使用内存操作流，内存操作流分为两种：

内存的字符操作流：CharArrayReader、CharArrayWriter；

内存的字节操作流：ByteArrayInputStream、ByteArrayOutputStream，它们的继承关系如下：

ByteArrayOutputStream：	ByteArrayInputStream：

java.lang.Object
   └ java.io.OutputStream
   └ java.io.ByteArrayOutputStream
	java.lang.Object
	   └ java.io.InputStream
	   └ java.io.ByteArrayInputStream

内存流主要用在需要进行 IO 操作，但又不希望产生文件的情况下。

例程 14.11 展示了利用内存流完成将一个字符串小写转大写的操作。

```java
public class IODemo {

    public static void main(String[] args) throws Exception {
        String str = "helloworld"; // 定义字符串
        InputStream input = new ByteArrayInputStream(str.getBytes());
        OutputStream output = new ByteArrayOutputStream();
        int temp = 0;
        while ((temp = input.read()) != -1) {
            output.write(Character.toUpperCase(temp));
        } // 输出之后所有的内容都保存在了内存输出流之中
        String s = output.toString(); // 取出内容
        input.close();
        output.close();
        System.out.println(s);
    }
}
```

例程 14.11　IODemo.java

通过以上例程能够发现一点，InputStream 和 OutputStream 两个类都是父类，需要时接收子类的实例化对象，由子类最终决定输入/输出的位置。

14.5　打印流

使用 OutputStream 可以完成内容的输出，但是这种操作本身并不是很方便。例如：现在要求输出一个数字、小数、字符等，不能直接给予支持，因为 OutputStream 中能输出的只有字节数组信息，那么就意味着要将这些内容变为字符串之后再变成字节数组输出。

在 java.io 包之中，为了方便完成信息输出，往往会使用一种打印流的形式完成，打印流有两种：PrintStream、PrintWriter，其中一个是负责字节打印流，另外一个是负责字符打印流。PrintStream 的继承结构如下：

```
java.lang.Object
  └ java.io.OutputStream
    └ java.io.FilterOutputStream
      └ java.io.PrintStream
```

由此可知，PrintStream 是 OutputStream 的子类，其构造方法：

public PrintStream（OutputStream out），OutputStream 类对象明确表示出输出的位置，而将其归纳在 OutputStream 的子类范畴之中，是为了说明其是字节流，本质离不开输出的操作，此类之中定义了 print（）、println（）等常见的方法，这些方法可以方便地输出各种数据类型，如果按照此方式理解，可以发现，PrintStream 就相当于是一个工具类，包装了 OutputStream 操作，但是提供了比 OutputStream 类更多的操作方法，这种设计模式称为装饰设计模式。

一定要记住的是，由构造方法传入的 OutputStream 对象决定了输出的位置。

例程 14.12 展示了如何向文件输出不同数据类型的数据。

```java
public class IODemo {

    public static void main(String[] args) throws Exception {
        PrintStream out = new PrintStream(new FileOutputStream(new File("D:"
                + File.separator + "test.txt")));
        out.print("1 + 1 = ");
        out.println(1 + 1);
        out.println("姓名: " + "张三");
        out.close();
    }

}
```

例程 14.12　IODemo.java

说明：这里的 FileOutputStream 为 PrintStream 对象实例化，指明是向文件输出。所谓的 PrintStream 就是指对 OutputStream 操作的一种封装，但最终的输出位置还是由实例化的 OutputStream 子类的对象决定。

在 JDK 1.5 之后，PrintStream 增加了格式化输出操作的功能，方法如下：

格式化输出：public PrintStream printf（String format，Object... args）

例程 14.13 展示了向文件输出一段格式化的字符串。

```java
public class IODemo {

    public static void main(String[] args) throws Exception {
        PrintStream out = new PrintStream(new FileOutputStream(new File("D:"
                + File.separator + "test.txt")));
        String name = "张三";
        int age = 20;
        double score = 89.67634782489234;
        out.printf("姓名: %s, 年龄: %d, 成绩: %5.2f", name, age, score);
        out.close();
    }

}
```

例程 14.13　IODemo.java

不过以上格式化输出方法一般不使用，一般会改变其形式，在 String 上使用，如 String 有一个方法：

```
public static String format(String format, Object... args)
```

例程 14.14 向文件输出一段格式化的字符串，运行效果等效于例程 14.13。

```java
public class IODemo {

    public static void main(String[] args) throws Exception {
        String name = "张三";
        int age = 20;
        double score = 89.67634782489234;
        String str = String.format("姓名：%s，年龄：%d，成绩：%5.2f", name, age,
score);
        System.out.println(str);
    }
}
```

例程 14.14　IODemo.java

14.6　System 类对 I/O 的支持

System 类中有三个常量的 IO 对象：

系统输出：public static final PrintStream out

错误输出：public static final PrintStream err

系统输入：public static final InputStream in

所谓的 System.out 实际上就是找到了一个 PrintStream 类的对象，但是这个对象所具备的功能是向屏幕上输出，而 print（）或 println（）方法就是对 I/O 操作的支持。

14.6.1　System.err

System.err 也是一个 PrintStream 类的对象，主要功能是输出错误信息。

System.err 和 System.out 实际上区别是相当小的，完全可以忽略，System.err 输出的是不希望用户看见的错误，而 System.out 输出的是希望用户看见的错误，一般不用 System.err。

例程 14.15 展示了该 System.err 的用法。

```java
public class IODemo {

    public static void main(String[] args) throws Exception {
        try {
            Integer.parseInt("a");
        } catch (Exception e) {
            System.err.println(e);
            System.out.println(e);
        }
    }
}
```

例程 14.15　IODemo.java

14.6.2　System.out

System.out 主要表示的是系统的输出，而这个输出位置对应显示器。

例程 14.16 为了更好地说明 I/O 操作的多态性问题，使用 OutputStream 接收 System.out 对象，完成输出。

```java
public class IODemo {

    public static void main(String[] args) throws Exception {
        OutputStream out = System.out; // 为父类实例化
        out.write("世界，你好！".getBytes()) ;
        out.close() ;
    }
}
```

例程 14.16　IODemo.java

说明： 以上可以更好地说明多态性的作用，虽然都是 OutputStream 类的 write（）方法，但是可以完成不同位置的输出。

14.6.3　System.in

System.in 对应的是键盘的输入操作。在很多语言中都有键盘的输入函数，例如 cin、scanf（），但在 Java 中没有，要想实现这种输入就必须依靠 System.in 以及 I/O 操作完成。如果要输入的内容很多，就使用 StringBuffer 接收输入的数据，因为 StringBuffer 没有长度限制，如例程 14.17 所示。

```java
public class IODemo {

    public static void main(String[] args) throws Exception {
        InputStream input = System.in; // 键盘输入
        StringBuffer buf = new StringBuffer();
        System.out.print("请输入数据：");

        int temp = 0;
        while ((temp = input.read()) != -1) {
            if (temp == '\n') {
                break;
            }
            buf.append((char) temp);
        }
        System.out.println("输入的内容是：" + buf);
    }
}
```

例程 14.17　IODemo.java

　　例程 14.17 中，如果输入中文，就会成乱码，因为现在是按照字节读的，所以中文是劈了一半读出来的。由于要考虑到中文问题，字节流肯定不好使了，肯定就要使用字符流，而且现在这种读取方式也有问题，应该等所有内容都输入完之后一次性读取，或者是说以某一个固定的分隔符为分界点，分批读取，详见 14.7 小节。

14.7　字符缓冲读取：BufferedReader

　　如果输入的数据很多，那么希望可以按照指定的分割符（一般都是\n）读取数据的话，就可以利用 BufferedReader 类完成，此类的继承结构如下：

```
java.lang.Object
    └java.io.Reader
        └java.io.BufferedReader
```

这里只关心此类的两个方法：

构造方法：public BufferedReader（Reader in）

读取一行数据：public String readLine（）throws IOException

　　因为 readLine（）方法的返回值是 String 型数据，所以此方法操作是最方便的，因为对 String 可以作如下操作：

（1）使用正则表达式判断输入的内容。

（2）将字符串变为基本数据类型或者是 Date 型数据。

　　例程 14.18 展示了 BufferedReader 的用法。

```java
public class IODemo {

    public static void main(String[] args) throws Exception {
        BufferedReader buf = new BufferedReader(
                new InputStreamReader(System.in));
        System.out.print("请输入数据：");
        String str = buf.readLine(); // 读取一行数据
        System.out.println("输入的数据是：" + str);
    }
}
```

例程 14.18　IODemo.java

　　例程 14.18 没有任何长度限制，没有中文限制，所以使用此操作读取键盘数据是最标准的格式。

14.8　JDK 1.5 的新特性：Scanner

Scanner 是在 JDK 1.5 之后增加的一个类，此类在 java.util 包中定义，其功能是解决输入数据的操作。与 BufferedRader 类相比，Scanner 类的操作更加容易理解，代码更加简单，而且 Scanner 比 BufferedReader 强了许多。比如 Scanner 可以直接利用正则进行验证。在此类中定义了如下几个方法：

构造方法：public Scanner（InputStream source）

设置分割符：public Scanner useDelimiter（String pattern）

判断是否有数据：public boolean hasNextXxx（）

取数据：public XxxnextXxx（）

例程 14.19 展示了如何利用 Scanner 类将接收的数据变为 Date，如 yyyy-mm-dd。

```java
public class IODemo {

    public static void main(String[] args) throws Exception {
        Scanner scan = new Scanner(System.in);
        System.out.print("请输入数据: ");
        if (scan.hasNext("\\d{4}-\\d{2}-\\d{2}")) { // 有数据
            String data = scan.next("\\d{4}-\\d{2}-\\d{2}");
            Date d = new SimpleDateFormat("yyyy-MM-dd").parse(data);
            System.out.print("输入的数据是: " + d);
        } else {
            System.out.println("输入的数据必须是日期型。");
        }
    }
}
```

例程 14.19　IODemo.java

通过学习此类，大家请记住一句话：输出操作永远使用 PrintStream 封装，这条原则基本不变；输入的操作使用 Scanner 封装，这条原则有可能变，因为很多时候人们并不习惯使用此类，或者给出的本身就是一个文件的输入流直接输出的形式。

思考题

选举程序。

（1）功能描述。

有一个班采用民主投票方法推选班长，班长候选人共 4 位，每个人姓名及代号分别为：张三代号为 1，李四代号为 2，王五代号为 3，刘六代号为 4。程序操作员将每张选票上所填的代号（1、2、3 或 4）循环输入计算机，以输入数字 0 结束输入，然后将所有候选人的得票情况显示出来，并显示最终当选者的信息。

（2）具体要求如下。

①　要求用面向对象方法，编写候选人类 Candidate，将候选人姓名、代号和票数保存到类 Candidate（候选人类）中，并实现相应的 getXXX 和 setXXX 方法。

②　编写主程序 class　OneTest（主类名称：OneTest）

③　输入数据之前，显示各位候选人的代号及姓名（提示：建立一个候选人类型数组），如下图所示。

④　循环执行接收键盘输入的班长候选人代号，直到输入数字为 0，结束选票的输入工作，如下图所示。

⑤　在接收每次输入的选票后要求验证该选票是否有效，即：如果输入的数不是 0、1、2、3、4 这 5 个数字之一，或者输入一串字母（捕捉异常），应显示错误提示信息："此选票无效，请输入正确的候选人代号！"并继续等待输入。

⑥　输入结束后显示所有候选人的得票情况，如下图所示。

⑦　输出最终当选者的相关信息，如下图所示。

在程序之中首先需要解决的是输入数据问题，如果数据输入的不是数字，则应该一直输入，一直到输入正确的数字为止，按照这种需求，编写代码。

（3）参考如图 14.1 所示。

```
1：张三【0 票】
2：李四【0 票】
3：王五【0 票】
4：刘六【0 票】
请输入班长候选人代号（数字 0 结束）：1
请输入班长候选人代号（数字 0 结束）：1
请输入班长候选人代号（数字 0 结束）：1
请输入班长候选人代号（数字 0 结束）：2
请输入班长候选人代号（数字 0 结束）：3
请输入班长候选人代号（数字 0 结束）：4
请输入班长候选人代号（数字 0 结束）：5
此选票无效，请输入正确的候选人代号！
请输入班长候选人代号（数字 0 结束）：hello
此选票无效，请输入正确的候选人代号！
请输入班长候选人代号（数字 0 结束）：0
1：张三【4 票】
2：李四【1 票】
3：王五【1 票】
4：刘六【1 票】
投票最终结果：张三同学，最后以 4 票当选班长！
```

图 14.1

第 15 章   Java 网络编程

15.1   概　述

有人说，20 世纪最伟大的发明并不是计算机，而是计算机网络。还有人说，如果你买了计算机而没有联网，就等于买了电话机却没有接电话线一样。

计算机网络就是实现了多个计算机互联的系统，相互连接的计算机之间彼此能够进行数据交换。正如城市道路系统总是伴随着城市交通规则来使用的道理一样，计算机网络总是伴随着计算机网络协议一起使用的。网络协议规定了计算机之间连接的物理、机械（网线与网卡的连接规则）、电气（有效的电平范围）等特性以及计算机之间的相互寻址规则、数据发送冲突的解决、长的数据如何分段传送与接收等。就像不同的城市可能有不同的交通规则一样，目前的网络协议也有多种。其中 TCP/IP 协议是一个非常实用的网络协议，它是 Internet 所遵循的协议，是一个"既成事实"的标准，已广为人知并且广泛应用在大多数操作系统上，也可用于大多数局域网和广域网上。

网络应用程序，就是在已实现了网络互联的不同的计算机上运行的程序，这些程序相互之间可以交换数据。编写网络应用程序，首先必须明确网络程序所要使用的网络协议，TCP/IP 是网络应用程序的首选协议，大多数网络程序都以此协议为基础，本章关于网络程序编写的讲解，都是基于 TCP/IP 协议的。

15.2   Java 网络编程基础

15.2.1   TCP/IP 网络程序的 IP 地址和端口号

要想让网络中的计算机能够互相通信，必须为每台计算机指定一个标识号，通过这个标识号来指定要接收数据的计算机和识别发送数据的计算机，在 TCP/IP 协议中，这个标识号就是 IP 地址，目前 IP 地址在计算机中占四个字节，也就是用 32 位的二进制数来表示，称为 Ipv4。为了便于记忆和使用，我们通常取用每个字节的十进制数，并且每个字节之间用圆点隔开的文本格式来表示 IP 地址，如 192.168.8.1。随着计算机网络规模的不断扩大，用四个字节来表示 IP 地址已越来越不敷使用，人们正在实验和定制用 16 个字节表示 IP 地址的格式，这就是 Ipv6。由于 Ipv6 还没有广泛投入使用，现在网络上用的还大都是 Ipv4，因此这里的知识也只围绕着 Ipv4 展开。

因为一台计算机上可同时运行多个网络程序，IP 地址只能保证把数据送到该计算机，但不能保证把这些数据交给哪个网络程序，因此，每个被发送的网络数据包的头部都包含有一个称为"端口"的部分，它是一个整数，用于表示该数据帧交给哪个应用程序来处理。另外，还必须为网络程序指定一个端口号，不同的应用程序接收不同端口上的数据，同一台计算机上不能有两个使用同一端口的程序运行。端口数范围为 0 ~ 65 535。0 ~ 1 023 的端口数用于一些知名的网络服务和应用，用户的普通网络应用程序应该使用 1024 以上的端口数，从而避免端口号已被另一个应用或系统服务所用。如果用户一个网络程序指定了自己所用的端口号为 3150，那么其他网络程序发送给这个网络程序的数据包中必须指明接收程序的端口号为 3150，当数据到达一个网络程序所在的计算机后，驱动程序根据数据包中的 3150 这个端口号，就知道要将这个数据包交给这个网络程序。

15.2.2　TCP 和 UDP

在 TCP/IP 协议栈中，有两个高级协议是网络应用程序编写者应该了解的，它们是"传输控制协议"（Transmission Control Protocol，TCP）和"用户数据报协议"（User Datagram Protocol，UDP）。

TCP 是面向连接的通信协议，TCP 可提供两台计算机之间的可靠无错的数据传输。应用程序利用 TCP 进行通信时，在源与目标之间会建立一个虚拟连接。这个连接一旦建立，两台计算机之间就可以把数据当做一个双向字节流进行交换。就像我们打电话一样，互相能听到对方的说话，也知道对方的回应是什么。

UDP 是无连接通信协议，UDP 不能保证可靠的数据传输，但能够向若干个目标发送数据，接收发自若干个源的数据。简单地说，如果一个主机向另外一台主机发送数据，这一数据就会立即发出，而不管另外一台主机是否已准备接收数据。如果另外一台主机收到了数据，它不会确认收到与否。

15.2.3　Socket

读者不要生硬和孤立地去理解什么是 Socket，就像不要让一个从来没有见到过大米与米饭的人去理解什么是"rice"一样的道理。任何一个事物和概念都得有个代名词，只有先理解事物和概念本身，就自然理解了它的代名词。同样地，Socket 是网络驱动层提供给应用程序编程的接口和一种机制，只要先掌握和理解了这个机制，自然就明白什么是 Socket 了。

可以认为 Socket 是应用程序创建的一个港口码头，应用程序只要把装着货物的集装箱（在程序中就是要通过网络发送的数据）放到港口码头上，就算完成了货物的运送，剩下来的工作就由货运公司去处理了（在计算机中由驱动程序来充当货运公司）。

对接收方来说，应用程序也要创建的一个港口码头，然后就一直等待到该码头的货物到达，最后从码头上取走货物（发给该应用程序的数据）。

Socket 在应用程序中创建，它通过一种绑定机制与驱动程序建立关系，告诉自己所对应的 Ip 和 Port。此后，应用程序送给 Socket 的数据，由 Socket 交给驱动程序向网络上发送出去。当某台计算机从网络上收到与该 Socket 绑定的 IP 地址及 Port 相关数据后，由驱动程序

交给 Socket，应用程序便可从该 Socket 中提取接收到的数据。网络应用程序就是这样通过
Socket 进行数据发送与接收的。

　　图 15.1、15.2 用于帮助我们理解应用程序、Socket、网络驱动程序之间的数据传送过程
与工作关系。

　　（1）数据发送过程如图 15.1 所示。

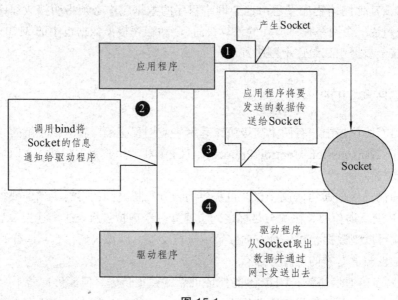

图 15.1

　　（2）数据接收过程如图 15.2 所示。

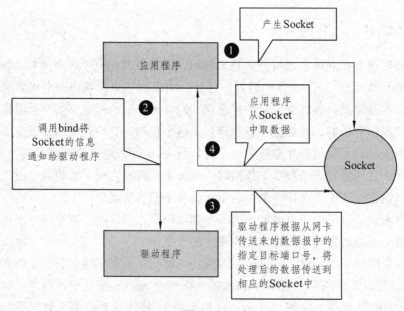

图 15.2

Java 分别为 UDP 和 TCP 两种通信协议提供了相应的编程类，这些类存放在 java.net 包中，与 UDP 对应的是 DatagramSocket，与 TCP 对应的是 ServerSocket（用于服务器端）和 Socket（用于客户端）。

网络通信，更确切地说，不是两台计算机之间在收发数据，而是两个网络程序之间在收发数据。我们也可以在一台计算机上进行两个网络程序之间的通信，但这两个程序要使用不同的端口号。

15.3　Java 编写 UDP 网络程序

15.3.1　DatagramSocket

为了编写 UDP 网络程序，首先要用到 java.net.DatagramSocket 类，该类的构造函数主要有三种形式：

```
public DatagramSocket ( ) throws SocketException
public DatagramSocket ( int port ) throws SocketException
public DatagramSocket ( int port, InetAddress laddr ) throws SocketException
```

用第一个构造函数创建 DatagramSocket 对象，没有指定端口号，系统就会为我们分配一个还没有被其他网络程序所使用的端口号。用第二个构造函数创建 DatagramSocket 对象，我们就可以指定自己想要的端口号。用第三个构造函数创建 DatagramSocket 对象，我们除了指定自己想要的端口号外，还可以指定相关的 IP 地址，这种情况适用于计算机上有多块网卡和多个 IP 的情况，我们可以明确规定自己的数据通过哪块网卡向外发送和接收哪块网卡收到的数据。如果在创建 DatagramSocket 对象时没有指定网卡的 IP 地址，在发送数据时，底层驱动程序会为我们选择其中一块网卡去发送，在接收数据时，我们会接收到所有网卡收到的与程序端口一致的数据，对于我们一般只有一块网卡的情况，就不用专门指定了，在发送和接收时肯定都是它了。其实，对于只有一块网卡的情况，在这里若指定了 IP 地址，反而会给程序带来极大不便，原因在于这个网络程序只能在具有这个 IP 地址的计算机上运行，而不能在其他的计算机上运行。

当编写发送程序时，用哪个构造函数呢？若在创建 DatagramSocket 对象时，不指定端口号，系统就会为我们分配一个端口号，因此，可以用第一个构造函数，这样就相当于你给别人打电话时，你的电话可以是任意的，最好不要固定，如果你非要用某个电话，那当别人正在用这个电话时，你就只有干等的份了。但作为接收程序，必须自己指定一个端口号，而不要让系统随机分配，因此可以用第二个构造函数，否则，我们就不能在程序运行前知道自己的端口号，并且每一次运行所分配的端口号都不一样，就像有朋友让你给他打电话，可他的电话号码不确定是不行的。

如果程序不再使用某个 Socket，就应该调用 DatagramSocket.close ( ) 方法，关闭这个

Socket，通知驱动程序释放为这个 Socket 所保留的资源，系统就可以将这个 Socket 所占用的端口号重新分配给其他程序使用。

发送数据用 Datagram.send（）方法，其完整格式如下：

```
public void send（DatagramPacket p）throws IOException
```

接收数据用 Datagram.receive（）方法，其完整格式如下：

```
public void receive（DatagramPacket p）throws IOException
```

Datagram.send（）和 Datagram.receive（）方法都需要传递一个 DatagramPacket 类的实例对象，如果把 DatagramSocket 比作创建的港口码头，那么 DatagramPacket 就是要发送和接收数据的集装箱。

15.3.2 DatagramPacket

DatagramPacket 类的构造函数主要有两种形式：

```
DatagramPacket（byte[] buf, int length）
```

```
DatagramPacket（byte[] buf, int length, InetAddress address, int port）
```

用第一个构造函数创建的 DatagramPakcet 对象，只指定了数据包的内存空间及大小，相当于只定义了集装箱的大小。用第二个构造函数创建的 DatagramPacket 对象，不仅指定了数据包的内存空间及大小，而且指定了数据包的目标地址和端口。在接收数据时，用户是没法事先就知道哪个地址和端口的 Socket 会给自己发来数据，就像我们要准备一个集装箱去接收发给我们的货物时，是不用标明发货人或是收货人的地址信息的，因此应该用第一个构造函数来创建接收数据的 DatagramPakcet 对象。但在发送数据时，我们必须指定接收方 Socket 的地址和端口号，就像我们要发送数据的集装箱上面必须标明接收人的地址信息一样的道理，因此应该用第二个构造函数来创建发送数据的 DatagramPakcet 对象。

15.3.3 InetAddress

在发送数据时，DatagramPacket 构造方法需要我们传递一个 InetAddress 类的实例对象，InetAddress 是用于表示计算机地址的一个类，通常表示计算机地址是用"192.168.0.1"或"www.baidu.com"字符串格式，那么现在要做的就是根据这种习惯上的字符串格式来创建一个 InetAddress 类的实例对象。通过查阅 JDK 文档资料，我们发现 InetAddress.getByName（）这个静态方法能够根据相关条件返回一个 InetAddress 类的实例对象。

另外，当将数据接收到 DatagramPacket 对象中后，若想知道发送方的 IP 地址和端口号，该怎么办呢？应该很容易想到在 JDK 文档中去查 DatagramPacket 类的方法。在 JDK 文档中，我们看到了 DatagramPacket.getInetAddress（）和 DatagramPacket.getPort（）方法。getInetAddress 方法返回的是 InetAddress 类型的对象，需要将它转换成用点（.）隔开的字符串型的 IP 地址。在 JDK 文档中去查 InetAddress 类的帮助，我们又可以看到 InetAddress.getHostAddress 方法能够以字符串的形式返回 InetAddress 对象中的 IP 地址。

15.3.4　一个简单的 UDP 程序

在了解网络编程基本知识后，接下来我们编写两个最简单的 UDP 程序，在一台计算机上相互发送和接收数据，接收程序所用的端口号为 3000，发送程序的端口号由系统分配，这里假设运行程序的计算机的 IP 地址是 192.168.0.213。则发送端程序如例程 15.1 所示。

```java
import java.net.*;
public class UdpSend{

    public static void main(String [] args) throws Exception{
        DatagramSocket ds=new DatagramSocket();
        String str="hello world";
    DatagramPacket dp=new DatagramPacket(str.getBytes(),str.length(),
    InetAddress.getByName("192.168.0.213"),3000);
        ds.send(dp);
        ds.close();
    }
}
```

例程 15.1　UdpSend.java

接收端程序如例程 15.2 所示。

```java
import java.net.*;
public class UdpRecv{
    public static void main(String [] args) throws Exception{
        DatagramSocket ds=new DatagramSocket(3000);
        byte [] buf=new byte[1024];
        DatagramPacket dp=new DatagramPacket(buf,1024);
        ds.receive(dp);
        String strRecv=new String(dp.getData(),0,dp.getLength()) + " from "
         +
    dp.getAddress().getHostAddress()+":"+dp.getPort();
        System.out.println(strRecv);
        ds.close();
    }
}
```

例程 15.2　UdpRecv.java

由于在创建 DatagramPacket 时，要求数据格式都是 byte 型的数组，因此程序在发送数据时用到了 String.getBytes（）方法将字符串转换成 byte 型的数组，在接收数据时用到了 String 类的 public String（byte[] bytes，int offset，int length）构造方法，将 byte 型的数组转换成字符串，但为什么不用 public String（byte[] bytes）构造方法来将 byte 型的数组转换成字符串呢？原因在于在接收数据前，是没法知道对方实际发送的数据包长度的，因此，在程序中定义 buf 数组具有 1024 个字节，即表示我们能够接收的数据包的大小最多为 1024 个字节，也就是确信对方每次发送的数据包不会超过 1024 个字节的。对方发送的数据大小是不确定的，往往都不可能正好是 1024 个字节，如在上面程序中，我们只收到的"hello world"，只有 11 个字节，public String（byte[] bytes）是将数组中的所有元素都转换成字符串，即将这 1024 个字节都转换成字符串，包括那些根本没有被添填充的单元。而 public String（byte[] bytes，int offset，int length）是将字节数组中从 offset 开始，往后一共 length 个单元的内容转换成字符串。其中 DatagramPacket.getLength（）方法可以返回数据包中实际收到的字节数。因此，接收程序中的"String strRecv = new String（dp.getData（），0，dp.getLength（））+ "from" + dp.getAddress（）.getHostAddress（）+ "："+ dp.getPort（）；"语句将接收到的数据转换成字符串，并在后面加上发送方的地址和端口。

15.3.5   UDP 小结

UDP 数据的发送，类似发送寻呼一样的道理，发送者将数据发送出去就不管了，是不可靠的，有可能在发送过程中发生数据丢失。就像寻呼机必须先处于开机接收状态才能接收寻呼一样的道理，首先要运行 UDP 接收程序，再运行 UDP 发送程序，UDP 数据包的接收是过期作废的。

当 UDP 接收程序运行到 DatagramSocket.receive（）方法接收数据时，如果还没有可以接收的数据，在正常情况下，receive 方法将阻塞，一直等到网络上有数据到来，receive 接收该数据并返回。如果网络上没有数据发送过来，receive 方法也没有阻塞，肯定是发送程序出现了问题，通常都是使用了一个还在被其他程序占用的端口号，其 DatagramSocket 绑定没有成功。

当然发送程序与接收程序也可以在两台计算机上运行，但要将发送方发送数据的目标 IP 设置成接收数据的计算机 IP 地址。

如果将 UdpSend 程序中发送的内容改为中文，如"我的程序"，接收到的内容有问题，请先想想为什么？

因为一个中文字符转换为字节时占用两个字节大小，而一个英文字符转换为字节时只有一个字节大小，因此应将发送程序中的

```
DatagramPacket dp = new DatagramPacket (str.getBytes ( ), str.length ( ),
InetAddress.getByName ( ), 3000 ) ;
```

修改为：

```
DatagramPacket dp = new
DatagramPacket (str.getBytes ( ), str.getBytes ( ).length,
InetAddress.getByName ( ), 3000 ) ;
```

就行了。也就是说，在指定发送数据包的大小时，应按字节数组的大小来计算，而不是字符串中字符的个数。

15.4　Java 编写 TCP 网络程序

　　利用 UDP 通信的两个程序是平等的，没有主次之分，两个程序代码可以完全一样。而利用 TCP 协议进行通信的两个应用程序，是有主从之分的，一个称为服务器程序，另一个称为客户机程序，两者的功能和编写方法大不一样。TCP 服务器程序类似 114 查号台，而 TCP 客户机程序类似普通电话。必须先有 114 查号台，普通电话才能拨打 114，在 114 查号台那边是先有一个总机，总机专门用来接听拨打进来的电话，并不与外面的电话直接对话，而是将接进来的电话分配到一个空闲的座机上，然后由这个座机去与外面的电话直接对话。总机在没有空闲的座机时，可以让对方排队等候，但等候服务的电话达到一定数量时，总机就会彻底拒绝以后再拨打进来的电话。Java 中提供的 ServerSocket 类用于完成类似 114 查号台总机的功能，Socket 类用于完成普通电话和 114 查号台端的座机功能。这个交互的过程如图 15.3 所示。

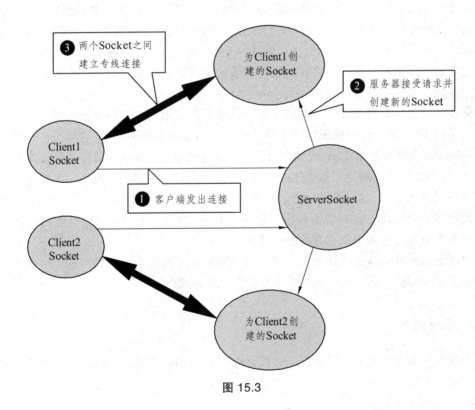

图 15.3

　　（1）服务器程序创建一个 ServerSocket，然后调用 accept 方法等待客户来连接。

　　（2）客户端程序创建一个 Socket 并请求与服务器建立连接。

　　（3）服务器接收客户的连接请求，并创建一个新的 Socket 与该客户建立专线连接。

　　（4）刚才建立了连接的两个 Socket 在一个单独的线程（由服务器程序创建）上对话。

　　（5）服务器开始等待新的连接请求。

15.4.1 ServerSocket

编写 TCP 网络服务器程序时，首先要用到 java.net.ServerSocket 类创建 ServerSocket。ServerSocket 类的构造函数有四种形式：

```
public ServerSocket ( ) throws IOException
public ServerSocket ( int port ) throws IOException
public ServerSocket ( int port, int backlog ) throws IOException
public ServerSocket ( int port, int backlog, InetAddress bindAddr ) throws
IOException
```

用第一个构造函数创建 ServerSocket 对象，没有与任何端口号绑定，不能被直接使用，还要继续调用 bind 方法，才能完成其他构造函数所完成的功能。

用第二个构造函数创建 ServerSocket 对象，可以将这个 ServerSocket 绑定到一个指定的端口上，就像为我们的呼叫中心安排一个电话号码一样，如果在这里指定的端口号为 0，系统就会为我们分配一个还没有被其他网络程序所使用的端口号。作为服务器程序，端口号必须事先指定，其他客户才能根据这个号码进行连接，因此将端口号指定为 0 的情况并不常见。

用第三个构造函数创建 ServerSocket 对象，就是在第二个构造函数的基础上，根据 backlog 参数指定在服务器忙时，可以与之保持连接请求的等待客户数量。而第二个构造函数，没有指定这个参数，则使用默认的数量，大小为 50。

用第四个构造函数创建 ServerSocket 对象，除了指定第三个构造函数中的参数外，还可以指定相关的 IP 地址，这种情况适用于计算机上有多块网卡和多个 IP 的情况，可以明确规定 ServerSocket 在哪块网卡或 IP 地址上等待客户的连接请求，在前面几个构造函数中，都没有指定网卡的 IP 地址，底层驱动程序会选择其中一块网卡或一个 IP 地址。显然地，对于一般只有一块网卡的情况，我们就不用专门指定 IP 地址了。原因在于对于只有一块网卡的情况，若在这里指定了 IP 地址，反而会给程序带来极大不便，导致这个网络程序只能在具有这个 IP 地址的计算机上运行，而不能在其他的计算机上运行。

通过学习 ServerSocket 构造函数发现，对于通常情况的应用，我们不难作出选择，用第二个构造方法来创建 ServerSocket 对象是非常合适和方便的。

15.4.2 Socket

客户端要与服务器建立连接，首先必须创建一个 Socket 对象，Socket 类的构造函数有如下几种形式：

```
public Socket ( )
public Socket ( String host, int port )
public Socket ( InetAddress address, int port )
public Socket ( String host, int port, InetAddress localAddr,
int localPort )
publicSocket ( InetAddress address,
```

```
int port, InetAddress localAddr, int localPort)
```

用第一个构造函数创建 Socket 对象，不与任何服务器建立连接，不能被直接使用，需要调用 connect 方法才能完成与其他构造函数一样的功能。若用户想用同一个 Socket 对象去轮循连接多个服务器，可以使用该构造函数创建 Socket 对象后，再不断调用 connect 方法去连接每个服务器。

用第二个和第三个构造函数创建 Socket 对象后，会根据参数去连接在特定地址和端口上运行的服务器程序，第二个构造函数接受字符串格式的地址，第三个构造函数接受 InetAddress 对象所包装的地址。

第四个和第五个构造函数在第二个和第三个构造函数的基础上，还指定了本地 Socket 所绑定的 IP 地址和端口号，由于客户端的端口号的选择并不重要，因此一般情况下，用户不会使用这两个构造函数。

通过学习 Socket 构造函数发现，对于通常情况的应用，选择第二个构造函数来创建客户端的 Socket 对象并与服务器建立连接，是非常简单和方便的。

服务器端程序调用 ServerSocket.accept 方法等待客户的连接请求，一旦 accept 接收了客户连接请求，该方法将返回一个与该客户建立了专线连接的 Socket 对象，不用程序去创建这个 Socket 对象。

当客户端和服务器端的两个 Socket 建立了专线连接后，连接的一端能向另一端连续写入字节，也能从另一端连续读入字节，也就是建立了专线连接的两个 Socket 是以 I/O 流的方式进行数据交换的，Java 提供了 Socket.getInputStream 方法返回 Socket 的输入流对象，Socket.getOutputStream 方法返回 Socket 的输出流对象。只要连接的一端向该输出流对象写入了数据，连接的另一端就能从其输入流对象中读取到这些数据。

15.4.3　TCP 服务器程序

明白了 TCP 程序工作的过程，我们就可以编写一个非常简单的 TCP 服务端程序了，如例程 15.3 所示。

```java
public class TcpServer{

    public static void main(String [] args) {

        try{
        ServerSocket ss=new ServerSocket(8001);
        Socket s=ss.accept();
        InputStream ips=s.getInputStream();
        OutputStream ops=s.getOutputStream();
        ops.write("welcome to www.it315.org!".getBytes());
        byte [] buf = new byte[1024];
        int len = ips.read(buf);
```

```java
        System.out.println(new String(buf,0,len));
        ips.close();
        ops.close();
        s.close();
        ss.close();
    }catch(Exception e){
        e.printStackTrace();
    }
  }
}
```

例程 15.3　TcpServer.java

在例程 15.3 中，我们创建了一个在 8001 端口上等待连接的 ServerSocket 对象，当接收到一个客户的连接请求后，程序从与这个客户建立了连接的 Socket 对象中获得输入和输出流对象，通过输出流首先向客户端发送一串字符，然后通过输入流读取客户发送过来的信息，并将这些信息存放到一个字节数组中，最后关闭所有有关的资源。

接着修改例程 15.3 的程序，让它能够接收多个客户的连接请求，并为每个客户连接创建一个单独的线程与客户进行对话。该程序是每个 TCP 服务器程序的基本框架和雏形，如 http，smtp，pop3，ftp 等服务器程序都会是这样的一种结构，也就是说，不同的服务器程序与客户端对话的方式几乎都是一样的，只是对话的内容不一样，最终完成的功能也就不一样。

由于一次 accept 方法调用只接收一个连接，因此需将 accept 方法放在一个循环语句中，才可以接收多个连接。

每个连接的数据交换代码也放在一个循环语句中，以保证两者可以不停地交换数据。客户端每向服务器发送一个字符串，服务器就将这个字符串中的所有字符反向排列后回送给客户端，直到客户端向服务器端发送 quit 命令，结束对话。

每个连接的数据交换代码必须放在独立的线程中运行，否则，在这段代码运行期间，就没法执行其他的程序代码，accept 方法也得不到调用，新的连接就无法进入。下面用一个单独的 Servicer 类来实现服务器端与客户段的对话功能。

```java
class Servicer implements Runnable{
    Socket s;
    public Servicer(Socket s){
        this.s = s;
    }

    public void run(){
        try{
            InputStream ips=s.getInputStream();
            OutputStream ops=s.getOutputStream();
            BufferedReader br = new BufferedReader(new InputStreamReader(ips));
```

```
            DataOutputStream dos = new DataOutputStream(ops);
            while(true){
                String strWord = br.readLine();
                if(strWord. equalsIgnoreCase("quit"))
                    break;
                String strEcho = (new
             StringBuffer(strWord).reverse()).toString();
                dos.writeBytes(strWord + "---->"+ strEcho +
              System.getProperty("line.separator"));
            }
            br.close();
            dos.close();
            s.close();
        }catch(Exception e){e.printStackTrace();}
    }
}


class TcpServer{

    public static void main(String [] args){

        try{
            ServerSocket ss=new ServerSocket(8001);
            while(true){
                Socket s=ss.accept();
                new Thread(new Servicer(s)).start();
            }
        }catch(Exception e){e.printStackTrace();}
    }
}
```

例程 15.4　Servicer.java

　　例程 15.4 使用了 BufferedReader 和 DataOutputStream 这两个 I/O 包装类，前者可以方便地从底层字节输入流中以整行的形式读取一个字符串，后者可以将一个字符串以字节数组的形式写入底层字节输出流中。若合理地使用这些包装类，可以简化应用程序编写。服务程序给客户端回送的结果也以行的形式发送，以便客户端程序处理。

15.4.4　TCP 客户端程序

接下来编写一个与上面的服务器程序通信的客户端程序，如例程 15.5 所示。

```java
public class TcpClient{

    public static void main(String [] args) {

        try{
            if(args.length < 2){
                System.out.println("Usage:java TcpClient
             ServerIP ServerPort");
                return;
            }
            Socket s=new
        Socket(InetAddress.getByName(args[0]),Integer.parseInt(args[1]));
            InputStream ips=s.getInputStream();
            OutputStream ops=s.getOutputStream();
            BufferedReader brKey = new BufferedReader(
                    new InputStreamReader(System.in));
            DataOutputStream dos = new DataOutputStream(ops);
            BufferedReader brNet = new BufferedReader(
                        new InputStreamReader(ips));
            while(true){
                String strWord = brKey.readLine();
                dos.writeBytes(strWord +
                    System.getProperty("line.separator"));
                if(strWord.equalsIgnoreCase("quit"))
                    break;
                else
                    System.out.println(brNet.readLine());
            }
            dos.close();
            brNet.close();
            brKey.close();
            s.close();
        }catch(Exception e){e.printStackTrace();}
    }
}
```

例程 15.5　TcpClient.java

在例程 15.5 中，客户端要连接的服务器的 IP 地址和端口号都是在运行程序时通过参数指定的，这样为程序提供了较好的灵活性和较高的通用性。首先确定服务器程序已经运行，接着运行这个客户端程序。可以运行多个这样的客户端程序，每一个客户都可以与服务器单独对话，直到客户输入 quit 命令后结束。

15.4.5　TCP 小结

就像必须先建立 114 查号台，客户才能拨打 114 一样的道理，要先运行 TCP 服务器程序，然后才能够运行 TCP 客户程序。

当 TCP 服务器程序运行到 ServerSocket.accept 方法等待客户连接时，在正常情况下，accept 方法将阻塞，一直等到有客户连接请求到来，该方法才会返回。如果没有客户连接请求到来的情况下，accept 方法也没有发生阻塞，肯定是客户端程序出现了问题，通常都是使用了一个还在被其他程序占用的端口号，ServerSocket 绑定没有成功。

若一台计算机上安装的网络应用程序越来越多，很可能指定的端口号已被别的程序占用，有时候碰到一个以前都能够运行得很好的网络程序，突然有一天就怎么都运行不起来了，出现这种情况的原因大都属于该网络程序的端口号被别的程序占用了。那么怎么知道自己的计算机上有哪些端口已被使用了呢？大家可以在命令行窗口下运行 netstat 命令，查看已被别的程序使用过的端口，关于这个命令的使用，读者可以运行 netstat-help 获得帮助。若已经运行了服务器程序，这时可使用 netstat-na 看到该程序所使用的端口正处于监听状态，如图 15.4 所示。

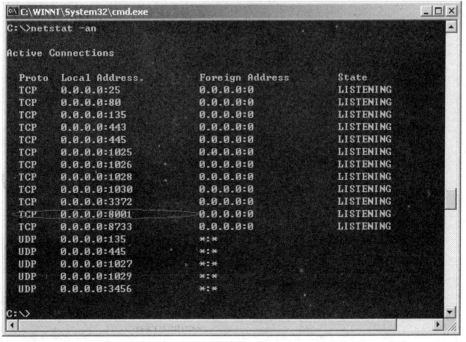

图 15.4

　　为了有效解决端口号冲突问题，我们也可以让先前编写的服务程序的端口号通过程序参数来指定，在万一与某些程序冲突时，我们可以调整程序的端口号，而不用修改程序。为了避免用户每次运行程序时都要指定端口号的麻烦，我们同时也支持在用户没有指定端口号的情况下，使用一个默认值。其实，最为理想的情况是，程序自动将程序上次运行时，用户所指定的端口号保存到一个文件中，用户下次运行时，直接从文件中读取那个端口号。这样，还解决了默认端口号与别的程序冲突时，用户也只需重新指定一次端口号的问题。

参考文献

[1]   Y. Daniel Liang. Java 语言程序设计[M]. 北京：机械工业出版社，2013.

[2]   Joshua Bloch. Effective Java[M]. 北京：机械工业出版社，2012.

[3]   John Vlissides. 设计模式沉思录[M]. 北京：人民邮电出版社，2011.